물구나무 과학

물구나무 과학

물구나무 과학

제1판 1쇄 발행 2000년 12월 15일
제1판 26쇄 발행 2022년 10월 7일

지 은 이 전용훈
그 린 이 진동주
펴 낸 이 이광호
펴 낸 곳 ㈜문학과지성사

등록번호 제1993-000098호
주   소 04034 서울 마포구 잔다리로7길 18 (서교동 377-20)
전   화 02)338-7224
팩   스 02)323-4180(편집) 02)338-7221(영업)
전자우편 moonji@moonji.com
홈페이지 www.moonji.com

ⓒ 전용훈, 2000. Printed in Seoul, Korea.

ISBN 978-89-320-1216-2 44400

물구나무 과학

전용훈 지음

문학과지성사
2000

서문

대학 시절에 모두 함께 불렀던 「타박네야」라는 노래가 있었다. "타박타박 타박네야 너 어드메 울고 가니/우리 엄마 무덤 가에 젖 먹으러 찾아간다/우리 엄마 무덤 가에 개똥참외 열렸는데/두 손으로 따서 들고 정신없이 먹어보니/우리 엄마 살아생전 내게 주던 젖 맛일세" 하는 가사가 있었다. 그때 문득 개똥참외의 내력을 상상해 보다 내가 어린 시절 수박을 먹고 경험했던 일이 떠올랐다.

수박을 먹다 보면 어쩔 수 없이 몇 개의 씨는 그냥 삼키게 된다. 그리고 다음날 똥을 누면 똥 속에 수박 씨가 고스란히 박혀 있는 것을 볼 수 있었다. 똥은 두엄자리에 버려지고 두엄은 밭에 뿌려졌다. 그런 다음 밭에서는 기대하지도 않았던 수박 순이 자라나는 것을 볼 수 있었다. 수박은 원래 거름을 많이 먹는 과일이라고 했다. 그래서 수박 농사를 하는 사람들은 초봄에 수박을 심을 자리마다 구덩이를 깊이 파서 거기에 똥거름을 많이 주고 그 위에 수박을 심었다. 조무래기들은 수박밭이 될 곳을 지나면서 똥 냄새에 코를 막았지만 어른들은 그렇게 많은 거름을 주어야 제대로 된 열매를 맺을 수 있다고 했다.

아무도 모르게 두엄에 섞여서 밭에 뿌려진 수박 씨는 똥거름도 없이 혼자서 어려운 여건을 뚫고 자라야 했으므로 순이 작고 초라한 모습으로 겨우겨우 자랄 뿐이었다. 어머니를 따라가 밭에서 우연히 자란 어린 수박 순을 본 나는 어서어서 커다란 수박이 열려주기를 바랐다. 어머니는 자라봐야 못 먹는다며 기대하지 말라고 했다. 하지만 내게는 그 작은 수박 순이 너무나 귀하고 탐스럽게 보였다. 물론 어머니 말대로 거기에는 수박이 거의 열리지 않았다. 열린다고 하더라도 겨우 수박 흉내만 낸 주먹만한 수박이 열릴 뿐이었다. 하지만 날마다 어머니를 따라가 조금씩 커지는 동그란 수박을 볼 때마다 유년은 그만큼씩 부풀어올랐다.

배운 과학으로는 수박이 이렇게 긴 여행을 할 수 있는 것은 식물이 오랫동안 길러온 진화적인 전략 덕분이라고 한다. 식물은 스스로 몸을 움직여 씨를 먼 곳까지 퍼뜨릴 수 없으므로 간접적으로 씨를 퍼뜨리는 방법을 많이 개발했다. 봉숭아처럼 씨방을 톡 튀겨서 멀리 보내는 놈들도 있고, 민들레처럼 바람에 날려보내는 놈들도 있다. 그 중 어떤 놈들은 새나 다른 동물을 이용해 자신의 씨를 옮기는 방법을 개발하기도 했다. 씨 껍질을 단단하게 만들어 새나 다른 동물에 먹히더라도 소화가 되지 않고, 배설물에 섞여나와 먼 곳에서 새로 자라날 수 있도록 한 것이다. 수박도 마찬가지다. 달콤한 과육 속에 씨가 알알이 박혀 있으면 과육을 먹으면서 어쩔 수 없이 씨까지 먹게 된다. 그러면 동물이 다른 곳에서 배설을 하면서 씨도 따라 그곳에 옮겨진다. 수박은 동물에게 과육을 제공하고 동물은 그 대가로 씨를 옮겨주니 서로가 이익을 보는 거래를 하는 셈이다.

타박네라는 가난한 아이 엄마의 무덤 가에 자란 개똥참외도 마찬가지일 것이라고 나는 생각했다. 어느 날 아이는 참외를 먹었다. 먹을 것이 귀했으니 씨까지 다 먹었을 것이다. 그리고 참외 씨가 박힌 똥을 눴다. 그 똥을 강아지가 먹었다. 강아지는 아이를 따라 어머니 무덤에 갔다. 그리고 그 무덤 가에 똥을 눴다. 강아지 똥에 박혀 있던 참외 씨는 거기서 싹을 틔워 자라났다. 무덤 가에서 자란 참외는 거름이 없어서 조그마했고 맛도 별로 없었을 것이다. 하지만 아이가 엄마의 무덤을 찾아 참외를 발견하고 따먹어보니 엄마가 생전에 주시던 젖 맛처럼 달콤했다. 배고픈 아이에게 참외는 돌아가신 엄마가 준 선물이었기 때문일 것이다. 내가 상상한 개똥참외의 내력이 이러했다.

우리는 흔히 과학은 하나라도 더 알아야 하는 지식이요, 사람의 정서와는 먼 자연의 이야기라고만 생각한다. 사람들은 아인슈타인의 상대성 이론을 알고 싶어하고 우주의 기원인 빅뱅에 대해서, 모든 것을 빨아들인다는 블랙 홀에 대해서 궁금해한다. 길섶에서 울고 있는 개구리의 정확한 이름을 알고 싶어하고, 꽃에 앉은 나비의 암수를 구별하는 방법에 대해서 알고 싶어하고, 계란이 며칠 만에 병아리로 부화하는지에 관심이 있다. 하지만 할머니의 무덤 가에

핀 할미꽃과 온실에서 사온 할미꽃을 구별하려고 하지는 않는다. 가시덩굴에 하얗게 핀 꽃이 찔레꽃이라는 것을 외워두었다가 어린 자식에게 가르치려 할 뿐 그 꽃이 할아버지 상여의 만장 자락을 찢었던 꽃이라는 사실은 기억하려 하지 않는다. 과학이 어렵고 딱딱해서 싫다고 하면서도 우리는 그것을 더욱 메마르고 날카롭게만 만들고 있는 것이다.

과학을 가지고 물기 어린 시를 쓸 수는 없을까. 중력·가속도·상대 속도·좌표계·회절·반사·굴절률·4차원·시공간·전류·자기장 같은 말들로 만들어진 시가 아름다울 수는 없을까. 사람들이 듣는 순간부터 머리를 쥐어뜯는 반듯반듯 각진 말들, 소위 과학 용어들, 과학 원리들을 가지고도 아름다운 이야기를 만들 수는 없을까. 나는 '물기 있는 과학'이 있었으면 하는 마음으로 이런저런 이야기들을 해보기로 했다. 그런 과정에서 할미꽃은 왜 유독 할머니의 무덤에 많이 있고 깊은 산속에는 없는지를 알게 되었다. 그리고 나는 또 대추나무를 시집보내는 내력, 엄마 손이 약손이었던 어린 시절의 경험, 아이들을 오줌싸게 만드는 도깨비불의 정체, 간지럼나무에 얽힌 추억, 봉숭아물 들이기, 솔잎 송편에 관한 이야기들을 돌아볼 수 있게 되었다.

써놓고 보니 이야기를 관통하는 것은 크게 두 가지인 것 같다. 하나는 알량하게나마 대학 시절부터 배워온 과학(본류 자연과학이라고는 할 수 없고 아마 과학 상식쯤 될 것이다), 그리고 또 하나는 배우려고 하지는 않았으나 어느 틈에 몸 깊숙이 박혀 있는 유년의 경험들. 어쨌거나 그것들이 서로 합쳐져 물기 있는 과학 이야기로 읽혔으면 하는 바람이다. 할미꽃은 햇볕을 좋아해서 양지바른 곳이 아니면 자라지 않는다고 한다. 청개구리 동화에서 청개구리의 어머니가 양지바른 곳에 묻히길 바랐던 것처럼 무덤은 늘 양지바른 곳에 쓴다. 그리고 매년 추석이면 벌초를 해주기 때문에 무덤에는 키 큰 풀들이 자라지 않아 그늘이 지지 않는다. 무덤은 할미꽃이 살기에 가장 좋은 자리인 것이다. 하지만 할머니를 생각하지 않는 과학이라면 무덤은 왜 양지바른 곳에 있어야 하는지, 정말로 무덤에는 할미꽃이 많은지만 설명하려고 할 것이다. 나는 할미꽃에 얽힌 궁금증을 할머니를 생각하면서 풀었으면 하는 마음이다.

여기에 실린 글들의 대부분은 원래 1997년 11월부터 약 2년 동안 『과학동아』에 '물구나무 과학'이라는 제목으로 연재된 것이다. 또한 일부분은 여기저기 다른 기회에 썼던 글들을 모은 것이다. 책으로 다시 묶어내면서 부족했던 부분들을 여기저기 손보았지만 천성이 게으른 탓으로 시간만 많이 흘렀지 좋아진 곳은 별로 없는 것 같다. 독자들의 넓은 이해를 바랄 뿐이다.

이 책이 나오기까지 실로 많은 사람들의 도움을 얻었다. 맨 먼저 부족한 글을 위해 『과학동아』에 지면을 내어주신 김두희 편집장님께 감사를 드린다. 그리고 이야기가 막힐 때마다 아이디어를 주고 격려를 아끼지 않은 『과학동아』 동료 기자들에게 감사한다. 아울러 별로 쓸 데도 없을 것 같은 하찮은 질문들, 예를 들어 "간지럼나무는 정말로 간지럼을 탑니까" "봉숭아물 들이면 진짜로 마취가 안 됩니까" 같은 질문들을 친절하게 받아준, 그리고 일일이 성함을 밝힐 수 없을 만큼 많은, 여러 대학의 교수님들과 취재원들에게도 감사한다. 글 속에서 도움을 밝힌 분들도 있지만 훨씬 많은 분들의 도움을 받았으면서도 글의 성격상 도움받은 사실을 밝히지 못한 점 매우 죄송스럽게 생각한다. 그리고 글 속에 포함된 과학 지식 중에서 틀린 이야기들은 모두 내가 잘못 이해한 것일 뿐 도움 주신 분들의 잘못은 아니다. 또한 이런저런 기회에 접한 여러 책들로부터도 이야기에 유용한 지식들을 많이 빚졌다. 그 중에서도 특히 『한국 문화 상징 사전』(동아출판사)과 『한국 민족 문화 대백과 사전』(정신문화연구원)은 늘 도움이 되었다. 글의 흐름상 따로 출전을 밝히지는 않았지만 귀중한 사실들을 모아준 위 책의 필자들에게도 고마움을 표한다.

그리고 보잘것없는 이야기를 책으로 묶을 수 있도록 늘 닦달하고 격려해준 윤병무와 문학과지성사 식구들에게 감사한다. 또한 각 글마다 어울리는 재미있고 뜻있는 만화를 그려준 진동주씨와 필자의 캐리커처를 그려준 정애란 선배에게도 고마움을 전하고 싶다. 끝으로 언제나 나를 지탱해주는 어머니와 사랑하는 가족들, 가난한 유년이 지혜로운 삶의 밑거름이 될 수 있다는 것을 늘 일깨워주는 아내 주영에게 감사한다.

차례

비너스는 왜 바람을 피웠을까

조선 후기의 개혁 군주였던 정조를 비롯해서 조선의 역대 왕이나 왕족들 중에는 암살됐다는 의심을 받는 사람들이 많다. 그 중에서도 인조의 첫째아들인 소현세자는 염을 할 때 그 모습을 보았다는 목격자의 진술이 구체적으로 남아 있어, 독극물에 의한 암살설에 신빙성을 더하고 있다.

비상의 맛은 쓰고 시다

"……자칫 목이 격렬하게 찢어지는 듯한 작렬감을 일으키거나 토혈이나 하혈을 한다든가 심한 통증이나 구역질, 설사라도 한다면 탕제에 극약이 섞여들어가 있음이 드러나게 될 것입니다. 독의 효과를 노리면서도 즉시 독효가 나타나지 않게 해야 한다는 데 어려움이 있었습니다"(박안식, 『소설 소현세자』, 창작과비평사).

소현세자의 독살설을 다룬 소설의 일부분이다. 작가는 신빙성을 더하기 위해 독물의 작용에 대해 위와 같이 과학적 설명을 해놓고 있다. 과연 질병 치료를 위한 탕제에 독극물을 의심받지 않고 넣을 수 있었을까.

예로부터 극약으로 알려진 독극물이 의외로 질병 치료제로 많이 쓰였다. 수은이나 납 등은 인체에 치명적인 물질이지만 소량을 사용할 경우 진통 효과를 발휘하고 때로는 환각 작용을 일으키기도 한다. 우리나라에서 잘 알려진 비상(砒霜) 또한 의외로 많이 쓰인 약재다. 『동의보감』에는 다음과 같은 구절이 있다. "비상은 맛이 쓰고 시며, 학질〔말라리아〕을 다스리는 데 쓴다. 독이 있어 가벼이 먹지 못하고 초에 달여서 독을 죽인 다음에 쓴다." 『동의보감』의 처방대로라면 아무 의심도 받지 않고 비상을 학질에 걸린 세자의 탕제에 넣을 수 있었던 것이다.

그러나 비상을 쓰게 되면 그 독성이 너무 강해 조심해야 하고, 만일 세자가 비상이 든 탕제로 인해 급사하게 되면 독살이 탄로날 위험성이 있었다. 때문에 의원은 독의 효과를 노리면서도 효과가 서서히 나타나도록 해야 하는 어려움을 토로했던 것이다. 하지만 소현세자가 죽은 후 시신의 모습은 독살이라는 사실을 숨길 수 없을 정도로 끔찍했다. 『인조실록』에는 "온몸이 전부 검은빛이었고 이목구비의 일곱 구멍에서는 모두 선혈이 흘러나오므로 〔……〕 마치 약물에 중독된 사람 같았다"는 기록이 있다.

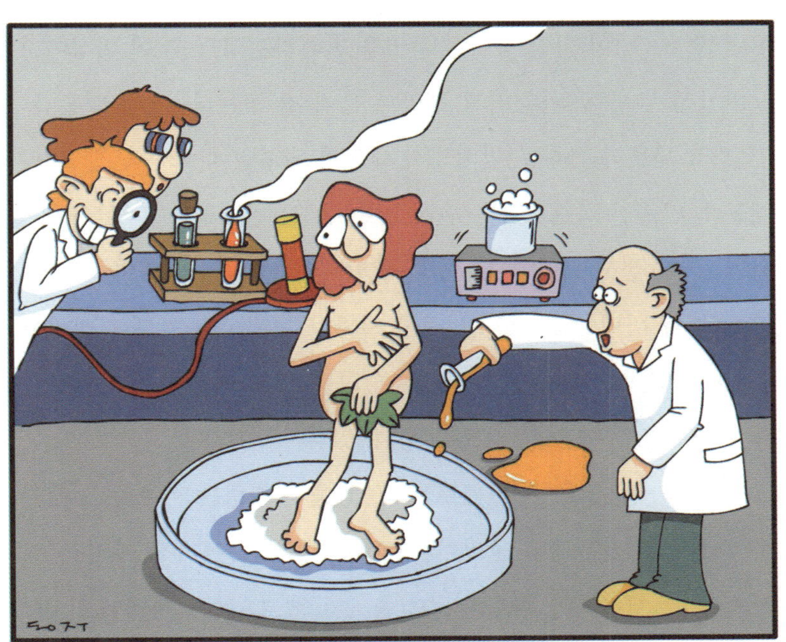

'닥터 킹'의 탄생

비상은 예로부터 죄인에게 내린 사약에 많이 쓰인 독극물이다. 이는 자연 상태의 비소를 원료로 제조된다. 자연 상태의 비소 자체는 독이 없으나 여러 가지 비소 산화물은 거의 독성을 띤다. 그 중 아비산(As_2O_3)이 가장 강력한 독성을 발휘하는데, 이것이 비상이다.

비상은 무색 무취의 백색 분말로 물에 잘 녹는다. 체내에 흡입되면 조직 세포의 산화를 방해해서 세포의 원형질에 독성을 발휘하기 때문에 원형질 독으로 분류된다. 비상을 한 번에 치사량 이상 흡입하면 구토, 설사, 모세혈관 확장, 혈압 감소 등이 일어나며, 중추 신경 기능이 마비돼 1~2시간 내에 사망한다. 소현세자의 시신의 모습에서 온몸이 검고, 선혈이 낭자했다는 것도 비상의 독성으로 인해 혈관이 터져서 생긴 것으로 볼 수 있다.

지구상의 원소 중 50번째로 많은 양을 차지하는 비소는 오래 전부터 인류가 사용해온 물질이다. 이미 기원전 4세기경 아리스토텔레스와 그 제자들이 비소의 독성을 언급했고, 로마 시대에도 비소계 독약이 사용된 것으로 알려져 있다. 13세기의 연금술사 알베르트 마그누스는 비소를 처음으로 홑원소 물질로 분리한 사람으로 유명하다.

19세기의 실학자 이규경의 『오주서종』 '박물고변'에는 비상을 제조하는 방법이 소개돼 있다. 천연 비소가 함유된 비소 원석(砒石)을 가열해 증발시켜 비소 증기를 철판에 증착시켰다가 이를 떼어내면 이것이 비상이다. 이규경은 비상을 제조하는 일에 종사하는 사람은 2년 정도만 이 일에 종사하고 다른 곳으로 옮겨가야 한다고 경고하고 있다. 오랫동안 이 일을 하면 수염과 머리카락이 다 빠져 흉한 몰골이 되고 죽음에 이를 수도 있기 때문이다.

흉한 모습으로 그려지는 대장장이

고대 신화에 등장하는 대장장이는 금속을 다루는 솜씨만은 대단하지만, 대부분 얼굴이 못생기고 머리가 듬성듬성 빠졌으며 신체의 일부가 불구인 경우가 많다. 거기다 성질은 종잡을 수 없이 괴팍하다. 게르만족의 고대 신화에 나오는 대장장이는 대부분 난쟁이들이며, 얼굴이 못생기고 곱사등이거나 창백한 몰골을 지녔다. 이들은 금속과 귀금속이 풍부한 곳에서 살며, 신들의 무기와 여신들의 장신구를 만드는 사람으로 묘사된다. 북구 신화 속의 오딘도 무적의 힘을 주는 창과 반지를 난쟁이로부터 얻었다.

그리스 신화에 나오는 아프로디테(로마에서는 베누스)의 남편인 헤파이스토스(로마에서는 불카누스)도 마찬가지다. 헤파이스토스는 대장간의 신으로 화산의 불을 이용해 금속을 다루던 금속 세공장이였다. 그의 외모는 두꺼운 목에, 가슴에 털이 많았으며, 뒤뚱거리면서 걷는, 큰 체구를 지닌 것으로 묘사된다. 특히 얼굴은 지독히 못생겼다. 제우스는 헤파이스토스의 재주를 높이 사서 그에게 가장 아름다운 사랑과 미의 신인 아프로디테를 아내로 주었다. 그러나 아프로디테는 남편을 사랑하지 못하고 부정한 염문을 뿌리고 다녔다.

현대에도 비소 중독 살아 있어

가장 못생긴 신과 가장 아름다운 여신이 결합했으니 애초부터 원만한 결혼 생활을 기대하기 어려운 일이지만, 조금 따져보면 헤파이스토스가 못생기고 불구였던 것은 나름대로 이유가 있었다. 왜 대장장이 신은 흉한 외모를 지녀야 했을까. 이에 대한 한 가지 답이 바로 비소 중독이다. 헤파이스토스의 작업장은 컴컴한 동굴이었다. 비소는 대부분의 천연 광석에 미량 포함돼 있다. 때문에 금속을 제련하면서 자연히 금속 증기에 섞인 비소 화합물을 들이켤 수밖에 없다. 이규경이 2년만 비상 제조에 종사하고 다른 일을 하라고 할 만큼 비소 증기의 독성은 강하다. 심지어 비소 중독으로 사망한 지 10여 년이 지난 사체에서도 비소를 검출할 수 있다고 한다.

서울대 보건대학원의 백도명 교수에 따르면, 1955년 로스노라는 학자는 그리스 로마 시대의 청동기를 분석해본 결과, 청동기에 비소가 다량 함유돼 있는 것을 확인했다고 한다. 이것은 자연 상태의 여러 물질에 포함된 비소의 양보다 훨씬 많은 양으로 대장장이들이 비소를 사용해 청동기를 제련했다는 사실을 확인해준다. 비소를 납과 구리에 소량 첨가하면 더 단단해지고 내열성이 증가하기 때문에 비소는 금속 첨가제로 광범위하게 사용됐다.

또 비소 원석은 자연 상태에서 비소, 유황, 철로 된 광물, 은광,

납광과 함께 나며, 납·구리 등의 원석에도 흔히 비소가 섞여 있다. 때문에 이들 금속을 제련하는 도중 자연히 비소 증기를 비롯한 유해 가스가 발생한다. 더구나 현대 의학의 연구에 따르면 비소를 쓰는 합금 제조 공장 근로자의 경우 신경 마비, 지각 이상, 탈모, 색소 침착, 피부가 두꺼워지는 등의 직업병을 겪는 것으로 확인된다.

고대 신화에 등장하는 대장장이가 흉한 모습으로 묘사되는 것은 대장간의 열악한 작업 환경에서 발생한 비소 가스를 흡입한 결과로 얻은 직업성 중독증 때문이었을 가능성이 높다. 많은 대장장이들이 비소 중독으로 머리가 빠지고 코가 헐고, 신경이 마비돼 다리를 저는 것을 보았던 고대인들은 자연스레 대장장이 신의 모습을 그들이 보는 대장장이의 모습으로 상상한 것이다.

미의 여신 아프로디테는 처음부터 현모양처의 기질은 없는 신이었을 뿐더러 흉한 몰골과 괴팍한 성격을 지닌 남편보다는 아레스(로마에서는 마르스) 같은 건장한 신에게 끌리는 마음을 피할 수 없었을 것이다. 그러나 세상의 어떤 것도 모두 만들 수 있는 재주를 가졌던 헤파이스토스가 작업장에서 뿜어나오는 비소 증기에 오랫동안 노출되면서 외모가 형편없어지고 다리마저 불구가 됐던 사연을 아프로디테도 이해해주어야 하지 않았을까.

동방박사들은 무엇을 보았을까

　아기 예수의 탄생과 동방박사의 경배. 누구나 기억하는 크리스마스의 유래다. 「마태 복음」에는 이런 이야기가 전해온다. 헤로데 왕때에 베들레헴에서 예수가 태어났다. 이때 동방박사들이 유대인의왕이 될 큰 인물이 태어났다는 것을 알았다. 동방은 바빌로니아 지방으로 이들은 점성술을 이용해 하늘의 변화를 읽었던 것이다. 그들은 먼 여행을 통해 헤로데 왕을 찾아 "우리는 동방에서 그분의 별을 보고 그분을 경배하러 왔습니다" 했다. 헤로데 왕은 아이가 장차유대의 왕이 될 것이라는 말을 듣고 동방박사들을 이용해 아이를찾아 죽이려고 했다. "가서 그 아기를 잘 찾아보시오. 나도 가서 경배할 터이니 찾거든 알려주시오." 왕의 부탁을 받은 박사들은 다시베들레헴을 향해 길을 떠났다. 동방에서 본 그 별이 그들을 앞서가다가 마침내 어느 집 위에 이르러 멈추었다. 별이 멈춘 집에 들어가니 어머니 마리아가 아기 예수를 안고 있었다. 이들은 아기를 보고엎드려 경배하며 황금과 유향과 몰약을 예물로 드렸다. 박사들은 꿈속에서 "헤로데로 돌아가지 말라"는 하느님의 계시를 받고 다른 길로 해서 자기 나라로 돌아갔다.

초신성 폭발

당시 동방박사들이 왕이 태어날 징조로 여겼던 별은 과연 무엇이었을까. '크리스마스 별' 혹은 '베들레헴의 별'로 불리는 이 별을 설명하는 많은 이론들이 예수가 죽은 후부터 많이 제시되었다. 천문학자들은 베들레헴의 별을 예수 탄생 무렵 발생한 주요한 천체 현상에 연결시키려고 했다. 하지만 예수가 탄생한 정확한 연도를 아는 것도 쉬운 일이 아니었다. 우리는 흔히 '기원전(B.C.)'과 '기원후(A.D.)'가 예수의 탄생을 기준으로 한다고 알고 있다. 그러나 「마태 복음」에 전하는 헤로데 왕 시절은 B.C. 4년으로 추정되고 있다. 다른 복음서의 기록을 토대로 하면, 예수 탄생은 B.C. 6년부터 A.D. 7년까지 다양한 결론이 나온다. 현재 대부분의 역사학자들은 B.C. 5년~B.C. 4년경이 가장 가능성이 높은 것으로 보고 있다.

천문학자들은 추정된 연도 근처에 식(한 천체가 다른 천체에 가려지는 현상), 혜성, 합(두 천체가 시선 방향에 나란히 놓이는 현상) 등 특기할 만한 천문 현상이 있었는지를 추적했다. 우선 이 시기에는 혜성 출현은 없었던 것으로 밝혀지고 있다. 당시에 굉장히 정밀한 천문 관측을 행하던 중국에서도 혜성 출현 기록을 찾아볼 수 없기 때문이다.

다음으로 거론된 것이 초신성이었다. 초신성은 별이 진화의 마지막 단계에서 폭발하면서 한순간에 엄청난 빛을 내면서 밝아졌다가 차차 어두워지는 현상이다. 초신성이 폭발하면 별이 없던 자리에 갑자기 밝은 별이 보이게 된다. 최근 스페인 카나리아천문연구소에서 근무하는 영국 천문학자 마크 키저는 베들레헴의 별은 물고기자리에 등장한 신성이라고 주장했다. 고대 중국 기록에 동쪽에서 별이 70여 일 동안 빛났다는 내용이 있다는 것이 그 근거였다. 그러나 중국의 기록을 제외하면 당시 어느 기록에도 초신성과 관련된 기록이 없고, 중국의 기록도 정확히 초신성을 묘사한 것인지 확인되지 않고 있다.

행성이 만나면 새 별이 탄생?

베들레헴의 별을 설명하는 가장 오래되고 설득력 있는 이론은 행성들의 합 현상과 연관짓는 것이다. 이 설은 케플러가 주장하면서 더욱 유명해졌다. 낸시 헤더웨이의 『아름다운 우주 스토리』(세종서적)에 따르면, 1604년 케플러는 화성, 목성, 토성이 서로 근접하는 것을 관찰했다. 그리고 합이 일어난 부근의 하늘에서 전날까지 볼 수 없었던 새로운 천체가 나타난 것을 발견했다. 이것이 오늘날까지도 잘 알려진 '케플러의 초신성'이다. 이 초신성은 당시 중국과 우리나라에서도 관측되었다. 조선 시대 관상감의 관측자들은 매일 밤 이 별의 밝기 변화를 금성의 밝기와 비교해 기록해두었고, 이 기

동방박사들은 무엇을 보았는가?

록은 현대의 초신성 연구에도 귀중한 자료가 되고 있다.

'태양―지구―행성 1―행성 2'가 일직선상에 위치할 경우 행성 1과 행성 2는 거의 근접해 보인다. 이 두 행성의 밝기가 합해지므로 자연히 평소보다 밝게 보인다. 그런데 케플러는 두 행성, 혹은 두 별이 서로 근접하다가 합쳐지면 새로운 천체를 만들어낸다고 믿고 있었다. 오늘날 보면 매우 비과학적인 생각이지만 점성술의 대가였던 케플러는 실제로 이런 일이 가능하다고 믿었다. 초신성을 몰랐던 케플러는 자신이 발견한 새로운 별이 행성들이 서로 만나서 만들어낸 것이라고 생각했다.

케플러는 이 경험으로 인해 합 현상이 일어나고 나면 부근에서 어떤 천체가 새로 생겨난다는 믿음이 더욱 굳어졌다. 그리고 베들레헴의 별도 행성의 합으로 인해 만들어진 어떤 천체일 것이라고 생각했다. 그는 정밀한 계산을 통해 B.C. 6년에 화성, 목성, 토성이 상당히 근접한 합을 일으켰다고 주장했다. 케플러의 설명에 주목한 현대의 몇몇 천문학자들은 다시 정밀한 계산을 통해 B.C. 2년 6월 17일에 일어난 합이 베들레헴의 별과 관계가 있다는 주장을 내놓고 있다.

예수 탄생 시기 확정해야

가장 최근에 나온 주장은 목성과 달의 합 현상과 관련짓는 것이다. 외신에 따르면, 미국 러트거스 대학 물리학 연구소장을 지낸 마이클 몰러 박사는 목성이 달에 근접해 밝기가 더욱 밝아지는 현상에 주목했다. 그리고 최근에 나온 『베들레헴의 별: 동방박사들의 유산』이라는 책에서 그는 이 현상이 양자리에서 일어났다고 주장했다. 시리아 지역에서 A.D. 6년으로 추정되는 동전이 발견됐는데, 이 동전에는 푸른빛이 감도는 반짝이는 별과 양의 모습이 새겨져 있다. 몰러 박사는 이것이 바로 양자리에서 이루어진 목성과 달의 합 현상을 묘사한 것이라고 주장한다. 또한 그는 컴퓨터 시뮬레이션으로 B.C. 6년 4월 17일에 양자리에서 목성과 달이 겹치는 현상이 일어났다는 계산 결과를 제시했다. 몰러 박사는 더 나아가 동방박사들이, 흔히 알려져 있는 것처럼, 바빌로니아 지방의 점성술사들이 아니라, 실은 그리스의 천문학자들이었다는 의견을 제시하기도 했다.

그러나 이처럼 다양하고 구체적인 주장에도 불구하고 어느 것 하나 확실하게 베들레헴의 별을 설명하는 이론은 아직 없는 실정이다. 우선 예수의 탄생 연도에 대한 확정적인 설이 없는 데다가 "동방박사들이 밝은 별을 따라갔다"는 단편적인 기록 외에 구체적인 기록이 거의 없기 때문이다. 과연 예수는 언제 태어났을까? 그리고 동방박사들이 따라갔다는 별은 진짜 있었던 별일까?

시험 전날에 먹는 찹쌀떡

요즈음 중고생들 사이에 입시를 앞두고 성패를 점치는 '분신 사바 놀이'가 유행하고 있다. 혼령을 부르는 소질이 있는 친구가 영매가 돼 혼령을 부른 다음, 의뢰자와 혼령간의 대화를 주선하고 의뢰자의 미래를 알아보는 놀이다. 몇 해 전에 인기를 끌어 2탄까지 제작된 영화 「여고 괴담」에서도 음산한 분위기를 더하기 위해 분신 사바 놀이를 보여주었다.

분신 사바는 최면 현상

영매와 의뢰자가 볼펜을 함께 잡고, 영매가 주문을 외우면 혼령이 볼펜에 내려와 이름을 적거나 자신임을 알리는 표시를 한다. 그러면 영매는 의뢰자가 원하는 것들을 묻고, 혼령은 볼펜을 움직여 가부(可否)를 표시한다. 이 놀이를 경험해본 일부 학생들은 자신도 의식하지 못하는 상태에서 저절로 볼펜이 움직이고, 비밀스런 질문에 가부를 대는 것을 보고 혼령이 진짜로 있다고 믿는다. 그리고 영적인 힘을 빌려 친구의 비밀을 알아내고, 공부를 잘하게 되고, 시험에 합격할 수 있지 않을까 기대하게 된다.

하지만 최면의학 전문가인 변영돈 박사에 따르면, 이 놀이는 최면 현상에 지나지 않는다고 한다. 영매의 주문을 신호로 실험자들은 최면에 들어가고, 이때 무의식에 들어 있던 기억들이 풀려나오면서 자신도 모르게 종이 위에 표시를 남기는 것이다. 불려나온 혼령들이 영매나 의뢰자가 까맣게 잊고 있었던 사람인 경우가 대부분인데, 이것도 무의식에 있던 기억이 최면으로 풀려나오기 때문이다. 또 혼령이 말해주는 비밀들도 영매나 의뢰자가 이미 알고 있고 공개해도 좋은 비밀을 최면 상태에서 쓴 것에 불과하다. 그러나 최면 상태에서도 의식은 있으므로 진정으로 내보이고 싶지 않은 비밀은 혼령이 절대 알아맞히지 못한다.

주술을 부추기는 불안감

분신 사바 놀이를 통해 영적인 힘을 경험하고, 그 힘을 빌려 불확실한 미래를 점쳐보려는 생각은 허망한 것임이 분명하다. 그런데도 우리는 알 수 없는 초자연적인 힘, 그것에 의지하려는 마음을 쉬이 억누를 수 없는 모양이다. 해마다 입시철이면 어느 종교 마당에나 낟가리처럼 쌓이는 부모들의 발원은 그래도 마음이 짠한 것이지만, 수백만 원을 호가하는 부적이나 기물(奇物)들에 너나없이 매달리는 것은 참으로 씁쓸한 광경이다. 항간에는 쏘나타 승용차의 금속제 S자가 서울대를 의미한다며 이를 떼어내 지니고 다니려는 수험생들이 수많은 승용차 주인들의 마음을 언짢게 하고 있다. 시험에 대한 불안감이 이처럼 도에 지나친 집착들을 만드는 것이리라.

그러나 꼭 유난스럽지 않으면서도 시험 때면 등장하는 정겨운 주술이 있으니, 그것은 수험생에게 합격엿과 찹쌀떡을 선물하는 일이다. 엿과 찹쌀떡이 찰싹 달라붙는 것처럼 수험생도 찰싹 붙어 합격할 것이라는 생각에서 생겨난 풍습이다. 이것은 미신적인 주술이지만 폐해가 없으면서 수험생을 격려하는 기회도 되니 그래도 미풍에 속한다. "유사한 것은 유사한 것을 낳는다"는 원리에 바탕했다고 이런 주술을 유감주술(類感呪術)이라 하는데, 동서고금의 어느 문화에나 퍼져 있는 매우 흔한 주술의 한 형태다. 어떤 일이 일어나지 않도록 특정 행위를 하지 않는 금기(터부)도 넓게는 이러한 유감주술에 속한다. 시험 날에 바나나나 미역국을 먹지 않는 금기의 바탕에는 "바나나나 미역은 미끄러운 것이므로 그것을 먹은 사람은 미끄러진다," 즉 시험에 떨어진다는 생각이 있음을 알 수 있다.

그러나 미역은 피를 만들어주는 조혈 작용이 뛰어나고 위에 부담을 주지 않아 오히려 수험생의 아침 음식으로 좋다는 의사들의 조언을 상기해보면 수험생이 매달리는 주술이나 금기들은 과학적 근거가 없다는 것을 알 수 있다. 이미 1900년대초 영국의 인류학자 프레이저는 『황금 가지』에서 "주술은 발육이 덜된 기술이며, 거짓 과학"이라고 단언했다.

내려와라, 내려와

그런데도 우리는 생활 속에서 수많은 유감주술을 행하며 산다. 연인들 사이에는 손수건 사주기와 신발 사주기가 이별을 불러온다며 금기가 돼 있다. 또 손잡고 다닐 때 깍지를 끼는 것은 이별을 부른다는 금기가 있고, 4자는 죽을사(死) 자와 통하므로 건물에는 4층을 두지 않는 등 무수히 많은 주술과 금기들이 행해진다. 그렇다면 왜 우리는 비과학적인 줄 알면서도 시험 전날에 엿을 선물하고, 시험 보는 학교 교문에 덕지덕지 엿을 붙여놓고 시험에 임하는 일을 계속하고 있는 것일까. 혹 그것은 주술이 종종 실질적인 효과를 발휘하기 때문이 아닐까.

효과는 있다. 그러나 그것은 엿의 작용이 아니라 주술을 행했다는 생각이 주는 암시 효과 때문이다. 시험 수 시간 전에 포도당을 섭취하면 기억력이 증가된다는 최근의 쥐 실험 보고를 보면 당분이 많은 엿이 시험에 직접적인 도움이 될 듯도 하지만, 전날에 먹은 엿이 다음날까지 효과가 있을지 의문이다. 그래도 엿을 먹은 사람이 실제로 시험을 잘 치르는 경우가 많은 것은, 엿을 먹었기 때문에 시험을 잘 칠 것이라는 암시가 안도감으로 작용하고, 그러면 긴장 상태에서보다 자신의 실력을 훨씬 잘 발휘할 수 있기 때문이다.

무엇 때문에 잘될 것이라는 긍정적인 암시 효과는 금기를 어겼을 때 생기게 되는 비관적인 암시에 비하면 대단히 유익한 것이다. 미역국을 먹으면 떨어진다는 금기를 지닌 사람이 미역국을 먹었다면,

그것 때문에 시험을 그르칠 것이라는 비관적인 암시에 시달리게 되고, 그 때문에 긴장해서 더욱 시험을 그르칠 가능성이 크다. 암시 효과는 실제로 정신의학에서 매우 중요한 개념이다. 암시의 효과를 극대화해서 병적으로 잘못된 관념이나 행동을 치료하는 방법이 최면의학에서 사용된다. 최면 상태에서 계속해서 "너는 잘할 수 있고, 잘될 것이다"라는 긍정적인 암시를 주면, 최면에서 깨어났을 때에도 무의식에 각인된 암시 효과가 계속 발휘되면서 병적인 상태가 개선되는 것이다.

지성이면 감천

지금도 종종 무속인이나 일부 신비주의자들 사이에서는 유감주술을 신뢰하고, 그 원리로 오래 전부터 전통 유학에서 주창된 동류상응, 동기감응의 원리를 내세운다. 기를 통해 유사한 것은 유사한 것끼리 서로 감응한다는 것이다. 죽은 어버이의 기가 자손의 기와 감응해서 자손에게 화복을 가져다 줄 수 있다는 명당의 논리도 여기에서 비롯된다.

우리의 선조들은 일찍부터 이러한 신비주의의 허구성을 간파했는데, 그 중에서도 조선 후기 실학자 담헌 홍대용의 주장은 경청할 만하다. "중형을 받은 죄수가 옥중에서 겪는 고통이 견딜 수 없다 해도 그 아들의 몸에 악한 병이 생겼다는 말을 듣지 못했거늘, 하물며 죽은 사람의 송장에 있어서랴! 술수의 망령됨은 실로 그 이치가 없으면서도 그대로 전해지고 믿어온 지 오래됐다.”

　그런데 홍대용은 이러한 혹독한 비판의 말미에 합격엿을 먹으면서 되새겨야 할 귀한 한마디를 덧붙이고 있다. “여러 사람이 ‘신령스러운 마음’을 합하면 왕왕 없는 일도 생기게 되는데, 이는 사람의 마음이 하늘을 움직이기 때문이다.” ‘지성이면 감천’이 가능하다는 말이다. 그러나 그것을 가능케 하는 것은 술수가 아니라, 가장 선하고 정성스런 마음, 바로 많은 사람들의 신령스런 마음이다. 하늘도 움직이는 신령스런 마음이라면 다른 무엇인들 가능하지 않으랴!

아들딸 골라 낳기

임신한 여자의 뒷모습이 곧추 서고 태깔이 나면 딸이요, 펑퍼짐하고 볼품이 없으면 아들이라. 배가 볼록하게 올라와 있으면 아들이요, 길쭉하게 내려앉았으면 딸이라. 흔히 집안 어른들이 뱃속 아이의 성별을 판별할 때 쓰던 감별법이다. 태몽 중에도 밤, 사과 등 과일 꿈과 귀엽고 작은 동물의 꿈을 꾸면 딸이요, 거대한 뱀이나 용이 몸을 휘감는 놀랍고 끔찍한 꿈을 꾸면 아들이라 했으니 대체로 곱고 아담한 느낌을 주는 꿈은 딸을 낳을 징조요, 무섭고 거대한 느낌을 주는 꿈은 아들을 낳을 징조로 쳤다. 어떤 사람들은 꿈에 소고삐가 길게 늘어져 있으면 아들이요, 고삐가 짧으면 딸이라면서 구체적이고 사소한 차이로도 태아의 성별을 가려낼 수 있다고 한다. 그 외에도 임신부의 식습관, 부모의 사주, 주술을 이용하는 등 수많은 태아 성감별 방법이 있다.

왼쪽으로 돌아보면 아들?

한의학의 최고 경전인 『동의보감』에도 비슷한 태아 성감별법이 실려 있다. 임신부의 왼쪽 유방에 멍울이 있으면 아들이요, 오른쪽에 멍울이 있으면 딸이다. 남쪽을 향해 걸어가는 임신부를 뒤에서 불러 왼쪽으로 쳐다보면 아들이요, 오른쪽으로 보면 딸이다. 『동의보감』에 따르면, 남자 아이는 자궁의 왼쪽으로 치우치는 경향이 있는데, 임신부가 이를 보호하려는 본능 때문에 신체나 행동에 이런 차이가 나타난다고 설명한다.

그러나 이것들은 현대 과학으로 보면 하나같이 근거가 없는 것들이다. 임신한 여성의 배 모양은 임신한 아이의 성별 때문이 아니라 여성의 골반뼈의 모양에 따라 달라진다. 임신한 상태에서 골반뼈가 둥근 구조로 돼 있으면 배 모양이 둥글게 부르고, 골반뼈가 좁고 길쭉한 모양이면 위아래로 길쭉하게 부를 수밖에 없다. 또 아이가 옆으로 길게 누워 있으면 배 모양이 약간 넓게 퍼지고 임신부의 체격에 따라서도 배 모양이 달라진다. 이러한 감별법은 남자 아이가 여자 아이에 비해 평균적으로 체격이 약간 크다는 가정을 근거로 한 것뿐이다. 뒤돌아보는 방향 역시 여러 번 실험을 해보면 매번 똑같은 방향으로 돌아보지 않는 것으로 그 근거 없음을 알 수 있다.

그럼에도 불구하고 우리 주위에 태아 성감별법이 이렇게 많은 이유는 아들을 낳고 싶어하는 남아 선호 사상이 뿌리깊기 때문이다. 심지어는 태아의 성을 원하는 대로 조절할 수 있는 비방들까지 나왔고, 그것이 입에서 입으로 전해져 이제는 비밀스럽지도 않게 돼버렸다. 지난 봄부터 인기를 끌었던 드라마 「허준」에서도 뱃속의 여자 아이를 남자 아이로 바꿀 수 있다는 처방이 문제가 됐다.

임신 중에 이미 성별이 결정된 여자 아이를 남자 아이로 성별을 바꾸는 처방을 예로부터 '전녀위남법'이라고 한다. 과학사학자 신동원 박사의 『조선 사람의 생로병사』(한겨레신문사)에 따르면, 이러한 처방은 중국 의서에서부터 전해진 것으로 허준의 『동의보감』에도 실려 있을 정도로 전통적으로 많이 논의된 처방이었다. 원리는 양기가 강한 물건의 힘을 빌려 아들을 낳게 한다는 것이다. 수탉의 가장 긴 꼬리 깃털 3개 또는 남편의 머리카락 또는 손발톱을 잘라서 임산부 모르게 이불 아래에 두면 효과가 좋다, 버드나무로 만든 도끼를 임산부 모르게 이불 밑에 두면 남아를 얻는다, 수말을 타고 다니거나 원추리꽃을 몸에 차고 다니면 즉효가 있다 등등의 여러 처방이 전해진다.

『동의보감』에서는 성별 바꾸기가 가능한 원리를 다음과 같이 설명한다. 임신한 지 3개월 된 때를 시태(始胎)라 한다. 이때는 아직 혈맥이 흐르지 않아 어머니가 '보고 느끼는' 모습에 따라 아이가 변하게 된다. 성별 또한 정해져 있지 않기 때문에 약을 먹거나 방술을 써서 아들을 낳을 수 있다. 임신 초기에는 태아의 성별이 완전하지 않기 때문에 바꿀 수 있다는 것이다.

전녀위남이 가능하다면 전남위녀, 즉 남아를 여아로 바꾸는 것도 가능하다고 보았다. 방법은 광물성 약재인 석웅황 가운데 응달에서 나는 자황(雌黃)을 허리에 차고 다니거나 귀고리로 걸고 다니는 것이다. 세종 때 의서인 『향약집성방』에 있는 내용이다.

그러나 현대 의학에 따르면, 임신 초기 태아의 성별은 유전적으로 정해질 뿐 외적인 처방으로 바뀔 수는 없다. 일단 유전자가 결정이 된 다음에는 어떠한 비방도 태아의 유전자를 바꿀 수 없다. 태아는 정자와 난자가 만나 만들어진 수정란이 자란 것이다. 사람의 염색체는 모두 23쌍으로 그 중 한 쌍이 성을 결정하는 성염색체다. 여성의 성염색체는 XX 쌍으로 돼 있고 남성의 염색체는 XY 쌍으로 돼 있다. 결국 Y염색체가 있으면 남자고, 없으면 여자인 것이다. 생식 세포는 23개의 염색체 쌍 중 절반을 나누어 가지는 감수 분열을 통해 정자와 난자를 만들어낸다. 감수 분열을 할 때 성염색체 쌍도 절반씩 나뉜다.

여성의 생식 세포는 분열할 때 XX를 나누어 가지므로 모든 난자들은 X염색체를 갖는다. 반면 남자의 생식 세포는 XY를 나누어 정자를 만든다. 때문에 정자 중에는 X를 가진 것과 Y를 가진 것 두 종류가 있게 된다. 정자와 난자가 만나 수정이 되면 이들 각각이 지닌 염색체가 합쳐져 비로소 완전한 23쌍의 염색체를 갖는다. 이때 X를

고추밭에 고추 열렀네

가진 난자와 X 정자가 만나면 XX로 여자가 되고, X를 가진 난자와
Y 정자가 만나면 XY로 남자가 된다.

호르몬 이상으로 성 정체성 혼란

물론 태아는 발생 초기에 남녀의 모든 생식기를 한 몸에 가지고
있다. 여성 생식기의 원시 형태인 뮐러관과 남성 생식기의 원시 형
태인 볼프관이 임신 초기의 태아에 함께 있는데, 이 두 생식기는 임
신 9주째에 어느 한쪽이 발달하고 다른 한쪽은 퇴화하는 방식으로
변화한다. 이때 한쪽의 생식기를 발달시키는 유전자가 바로 Y염색
체와 X염색체상에 있다. Y염색체상의 유전자가 작용하면 정자를
생산하는 정소가 만들어지고 정소에서는 남성 호르몬을 내놓아 부
정소 · 세정관 · 저정낭 · 음경과 같은 남성 생식기가 발달되도록 만
든다. 이것이 사춘기에 보이는 제2차 성징과 구별되는 이른바 제1
차 성징이다. 여성 또한 X염색체 속의 유전자가 작동해 난자를 생
성하는 난소가 만들어지고 이곳에서 여성 호르몬인 에스트로겐이
생성되며 뮐러관이 자궁 · 수란관 · 질과 같은 여성 생식기로 분화
한다.

만약 성 호르몬의 작용에 이상이 생기면, 남성이 여성화되고 여
성이 남성화되는 경우가 생긴다. 그러나 이것은 외적으로 그렇게
보이는 것일 뿐 결코 성별이 바뀌는 것은 아니다. 흰쥐나 원숭이에
게 출생 직전 암컷 새끼에게 남성 호르몬인 테스토스테론을 과도하

게 투여하면 어느 정도 성장해도 배란이 일어나지 않고 마치 수컷처럼 암컷 등에 올라타는 교미 행동을 보이기도 한다. 결국 이미 수태한 아이의 성별을 어떤 약물이나 비방으로 바꾸려는 행위는 그 아이의 호르몬에 이상을 야기하는 것 이상이 되지 못하는 것이다.

원심 분리기로 정자 분리

그렇다면 미리 남녀를 선택해서 수태할 수 있다면 어떨까. 언뜻 그렇게 되면 태아의 성별에 대한 고민은 싹 사라질 것 같다. 놀랍게도 실제로 정자의 성염색체가 X인지 Y인지 구별해서 아들과 딸을 마음대로 골라 낳는 기술이 이미 쓰이고 있다. 미국에서는 유전자 분석 기술 덕택으로 정자를 분리해 성별을 마음대로 정해 수태시키는 인공 수정이 행해지고 있다.

초기에 쓰인 방법은 정자를 원심 분리기로 분리하는 것이었다. X정자와 Y정자를 분석해본 결과 X정자에 유전 물질이 조금 더 많아 무게가 더 나간다는 것이 알려졌다. 때문에 몇 가지 조작을 거쳐 정액을 원심 분리기에 넣으면 무게 차이에 따라 성별이 다른 정자를 추출할 수가 있다. 유전 물질이 더 많은 X정자는 밑에 가라앉고 가벼운 Y정자는 위쪽으로 몰리는 것이다. 이 방법으로 임신해서 약 98% 비율로 원하던 딸을 얻을 수 있었다. 하지만 이 방법은 딸을 낳고자 하는 경우에만 유용하다. 아래층에 가라앉은 X정자는 순도가 높아 인공 수정에 이용할 수 있지만, Y정자가 모인 위층에는 각종 세균이나 기형 정자까지 혼합돼 있어 쓸 수가 없다.

그리하여 최근에는 남녀 성별에 모두 적용할 수 있는 마이크로소트라는 방법이 개발됐다. 정자를 형광 색소와 함께 식염수에 담근 뒤 레이저 광선을 비추면 유전자를 더 많이 가진 X정자가 더 많은 빛을 낸다. 이렇게 구별되는 정자를 기계로 분리해내 인공 수정시킨다. 지금까지 시술된 통계에 따르면, 딸의 성공률은 93%이고 아들의 성공률은 73%였다.

독이 되는 기술

이는 특히 남아 선호 사상이 깊은 우리나라 사람들에게 희소식임이 틀림없다. 하지만 이런 기술이 국내로 들어오면(이미 비밀리에 쓰이고 있는지도 모른다) 가뜩이나 성비 불균형이 심한 판에 더욱 남아 선호를 부채질할까 걱정부터 앞선다. 이 기술이 모든 사람에게 고르게 적용되는 세상이 되지 않는 한 모든 사람들이 성비의 균형을 맞추는 합리적인 선택을 하지는 않을 것이기 때문이다. 남성에 비해 여성이 늘 불이익을 받는 우리 현실에서, 단지 사회적인 균형을 위해서 이기심을 버리고 여자 아이를 택할 사람이 얼마나 될까.

지금까지 미국에서는 마이크로소트법으로 태어난 아기의 80%가 딸이었다고 한다. 그러나 이 통계는 1명 이상의 자녀가 있는 부부에 한해서 시술한 것을 대상으로 한 것이다. 조사에 따르면, 우리나라와 마찬가지로 미국에서도 여성의 81%와 남성의 94%가 첫째아이는 아들이기를 바란다고 대답했다. 성별을 마음대로 선택할 수 있다 해도 아들부터 낳고 보자는 것이 대다수 사람들의 심정인 것이다.

어쨌든 성별 선택 임신 기술은 더욱 발전되고 시술이 확대될 것이다. 그러나 우리 사회 전체가 그것을 올바른 방향으로 사용할 수 없다면 현재의 아들 없는 부모의 고통은 돈 없는 부모의 고통으로 바뀌게 될 뿐이다. 돈과 권력을 가진 사람들은 자신의 기득권을 지키고 확대하기 위해 그 기술을 자신에게 유리한 방향으로 이용하려 할 것이다. 그들은 대부분 남자 아이를 택할 것이다. 그리고 과학 기술을 향유할 수 없는 사람들은 아이들의 성별 때문에 더욱 차별받고 소외당할 것이다. 우리 사회에서 남아 선호의 관념이 먼저 사라지지 않으면, 성차별 없이 모든 인간이 평등하게 한 인간으로서 대우받는 사회가 되지 않으면, 성별 선택 임신 기술은 우리 사회를 더욱 왜곡된 사회로 만드는 재앙이 될 것이다. 과학 기술이 발달해도 여전히 인간이 중심이 돼야 하는 이유가 여기에 있다.

요즘에는 선풍기, 냉장고는 기본이고 에어컨까지 있는 집이 많아 여름에 아무리 더워도 더운 줄 모르고 살 수 있게 됐지만, 없는 사람들에게 여름철 더위는 참으로 고약한 불청객이다. 집에도 들어갈 수 없는 노숙자들에게야 여름의 무더위가 겨울의 칼바람보다 훨씬 낫겠지만, 아무래도 보통 사람들에게는 더위가 더 고약하다. 추우면 옷을 껴입으면 되지만 무더위에는 옷을 벗어도 덥기 때문이다. 오죽 더위가 무서우면 정월 대보름 풍습에 '더위 팔기'가 있었을까. 대보름날 아침에 이름을 불러 대답하면 "내 더위" 한다. 대답한 사람은 부른 사람이 겪을 한 해 동안의 더위를 모두 가져간다는 것이다. 얼음 한 조각 먹을 수 없는 사정에 더위는 차라리 팔아치워버리고 싶은 그런 것이었다.

우리나라는 특히 봄철의 화창한 날씨에서 여름의 무덥고 후텁지근한 날씨에 들어가니 더위의 고통이 더하게 느껴지는 것 같다. 단 것 다음에 쓴 것이니 오죽 쓰랴. 우리나라의 더위가 견디기 힘든 것은 대체로 온도보다 습도 때문이다. 우리의 여름은 습기를 많이 머금은 북태평양 고기압이 지배하기 때문에 날씨는 맑지만 습도가 매우 높다. 습도가 낮으면 온도가 높더라도 그늘에만 들어가면 금방 시원함을 느낄 수 있다. 유럽 같은 건조한 지방에서는 땀이 빨리 증발하기 때문에 햇볕만 가리면 쉬 시원해진다. 그러나 습도가 높으면 온도가 별로 높지 않아도 온몸이 끈끈하고 주변이 찜통 같은 느낌이 든다. 소위 '찜통 더위'는 습도가 높아 땀이 좀처럼 증발되지 않기 때문이다.

자연에 맞서는 것이 인간의 능력 밖의 일이듯이 더위에 맞서는 것도 마찬가지다. 이열치열이라고 하지만 더위는 모름지기 피하는 게 상책이다. 그래서 저녁상을 물리고 샘에서 꺼낸 수박을 먹으며 하루를 달래는 어른들의 피서, 물총 싸움으로 옷을 적시고 팥빙수 한 그릇으로 더위를 잊는 유년의 피서, 쌍쌍이 손을 잡고 산으로 바다로 몰려나가는 연인들의 피서 등 더위를 피하려는 사람들의 방도도 가지가지다.

그 중에서도 빠지지 않는 피서법이 으스스한 귀신 이야기로 여름 밤을 보내는 일이다. 등줄기가 오싹한 귀신 이야기들이 무더위를 잊게 하는 청량 음료인 것이다. 여름이면 방송마다 공포스런 이야기로 집집마다 한기를 들이고, 밤에는 오금이 저려 화장실도 못 가게 만든다. 영화관에는 한 철 내내 구미호, 드라큘라, 처녀 귀신, 엽기적 살인마 등 수많은 무서운 이야기들이 보는 이의 등골을 서늘하게 한다.

공포심과 추위

그런데 여름에는 왜 그리도 귀신 이야기가 많은 것일까. 이는 등골이 오싹하는 바로 그 느낌 때문이다. 공포를 느끼면 추위가 없는데도 자신도 모르게 몸이 추위를 타는 반응을 하는 것이다. 우리 몸에는 온도 감각을 느끼는 감각기가 두 군데 있다. 하나는 피부에 있는 감각기이고 다른 하나는 뇌의 시상 하부에 있다. 피부의 감각기는 외부 공기와 맞닿는 피부 온도를 측정하고 뇌에서는 체내의 중심 온도를 감지해서 두 온도의 차이를 시상 하부가 판단해서 체온을 조절한다.

외부 온도가 높아져 체온이 상승하면 시상 하부는 호흡을 가쁘게 해 체내에서 뜨거워진 공기를 내뱉고, 외부의 찬 공기를 많이 들이마신다. 또 모세혈관을 확장시키고 땀을 증발시켜 열을 방출해서 온도를 낮춘다. 땀이 증발되면서 시원한 것은 증발열로 체온을 뺏어가기 때문이다. 반대로 밖이 추워 체온이 낮아지면 근육을 떨게 해 열을 내고, 땀구멍을 닫고 혈액도 신체의 표면보다는 아래쪽 혈관을 통해 흐르도록 한다. 피부에서 열의 손실을 최소로 하려는 것이다. 추울 때 피부에 핏기가 없고 푸르뎅뎅하게 변하는 것은 피부의 혈관이 거의 닫혀버려서 혈액 공급이 잘 안 되기 때문이다. 그리고 추울 때는 몸이 으스스 떨리는 것도 체온을 올리기 위해서 근육이 떨기 때문에 나타나는 반응이다.

납량 특집이다, 괴기 영화다 해서 공포스런 경험으로 더위를 잊어보려는 것은 사실 이렇게 체온을 조절하는 신체 반응과 관련이 있다. 소름 끼치는 공포 반응을 보면 추위를 탈 때 나타나는 신체의 반응과 똑같다. 차가운 것이 피부에 닿으면 시상 하부는 차갑다는 것을 알아차리고 피부 근처의 혈관을 닫고 근육을 수축시킨다. 이 때문에 으스스한 느낌이 들면서 피부에 소름이 돋는다. 공포를 느낄 때도 "소름이 끼친다"고 하듯이 으스스한 느낌으로 뒷덜미의 털이 곤추 서고 피부에 소름이 돋는다. 이러한 반응은 모두 피부 혈관에 혈액 공급이 줄어들고 근육이 수축하기 때문에 나타나는 반응이다. 추울 때 돋는 닭살과 공포로 돋는 소름이 똑같고, 무서워서 으스스한 것이나 추워서 으스스한 것이 신체 반응에서는 마찬가지인 것이다.

다만 공포 시의 이 반응은 추위를 감지한 시상 하부의 작용이 아니라, 뇌의 명령 없이 자신도 모르게 일어나는 자율 신경계의 작용이라는 점이 다를 뿐이다. 공포심을 유발해 더위를 피해보려는 생각은 변변한 냉방 시설이 없던 시절에 생각해낸 참으로 고도의 피서법이다.

한의학에서는 공포, 놀람의 감정과 관계가 있는 내장 기관으로 간·쓸개·위·심장 등을 들고 있다. 그 중에서도 쓸개와 간은 표리를 이루는 부부 장기로 서로 밀접하게 연결된 것으로 본다. "대담한 녀석이다"와 "간 큰 놈이다"는 말이 같은 의미로 쓰이는 것을 보면 알 수 있다. 또 크게 놀라고 나서 "간담이 서늘하다"고 하지 않는가.

그런데 한의사들은 사람이 자주 놀라면 기가 흩어져 간에 좋지 않은 영향을 미친다고 한다. 놀랐을 때 간이 콩알만해진다고 하듯이, 너무 무섭고 끔찍한 것을 많이 경험하면 건강을 해칠 수도 있는 것이다. 무엇이든 너무 과하면 병이 되는 법이다. 선풍기를 밤새 틀어놓고 자다가 변을 당하는 경우가 있는가 하면, 에어컨을 늘 켜두고 살다가 냉방병을 얻기도 한다.

예로부터 여름을 나는 필수품은 부채였다. 약간 수고롭기는 하지만, 그 바람은 자연스럽고 모습 또한 운치 있다. 더구나 부채는 먼지를 날려 청결하게 해주듯이, 예로부터 병이나 귀신을 쫓는다고 믿었다. 단옷날에 부채를 선물하는 풍습이 있었는데, 이때 선물하는 부채는 여름철 전염병인 염병(장티푸스)을 물리치는 뜻이 있었다. 유럽의 교회에 걸어둔 부채도 악마를 쫓기 위한 기물이었다. 부채 하나만 있으면 더위는 물론 귀신도 피해 도망가는 것이다.

유럽에서는 부채가 사랑의 징표이기도 했다. 영국의 엘리자베스

안경

왕 때에는, 여자가 사랑하는 남자에게 짐짓 부채를 떨어뜨려 줍게 함으로써 사랑을 표현하는 풍습이 있었다고 한다. 18세기 유럽에서는 부채로 어려운 의사를 표현했고, 이를 정리한 부채 말 사전까지 있었다. 부채를 입술에 대면 "기회가 주어지면 당신에게 키스를 하겠다"는 뜻이고, 부채 끈을 오른손에 걸고 부채를 접은 채 들고 있으면 "나는 애인을 구합니다"는 뜻이었다. 또 부채로 앞머리를 문지르면 "나는 지금 당신을 생각하고 있습니다"의 뜻이었다. 선풍기와 에어컨이 있는 여름에도 부채를 하나씩 장만해서 더위와 귀신을 쫓고, 사랑도 표현한다면 얼마나 운치 있을까.

아홉수와 13일의 금요일

예로부터 어른들은 "아홉수를 조심하라"고 했다. 29세 된 자식은 결혼을 피하고, 회갑 전해(59세)에는 생일을 꺼렸는데, 이것은 9라는 수가 마지막의 아슬아슬한 느낌을 주기 때문이다. 많은 사람들이 야구를 보면서 9회말, 투 아웃, 만루, 투 스리 풀 카운트에서는 무언가가 터질 것 같은 생각을 갖는 것도 그 수가 야구에서 나올 수 있는 가장 마지막 수이기 때문이다. 1999년에 인류가 종말을 맞을 것이라는 참언이 많았던 것도 9가 세 개나 겹쳐 있는 1천년대의 마지막이라는 생각 때문이다.

땡 잡아 좋은 이유

제비는 3월 3일(삼짇날)에 와서 9월 9일(중구절)에 강남으로 떠난다고 한다. 먹이를 찾아 이동하는 제비는 해마다 날씨에 따라 조금 이르기도 하고 늦기도 한다. 더구나 이 날짜는 음력이라서 계절 변화를 정확히 반영하지도 못하고, 양력과 비교하면 해마다 다른 날이다. 그런데도 이런 날을 의미있게 생각한 것은 무엇 때문일까.

아마도 같은 수가 겹치는 데서 오는 미학적인 느낌 때문일 것이다. 우리말에서 큰 횡재를 했을 때 "땡 잡았다"고 하는데, 이때의 땡도 같은 화투장 두 개가 서로 겹치는 것을 말한다. 독일에서도 같은 숫자가 겹치는 순간에 어떤 일을 하면 크게 행운이 온다고 해서 1999년 9월 9일 9시에 결혼하려는 사람들이 너무 많아 관공서마다 골치를 앓았다고 한다. 같은 일이 88년 8월 8일 8시, 77년 7월 7일 7시에도 있었다. 우리의 세시 풍속에도 1월 1일(설), 3월 3일(삼짓날), 5월 5일(단오), 6월 6일(유두), 7월 7일(칠석), 9월 9일(중구절) 등 같은 수가 겹치는 날이 많다. 중국에서는 10월 10일(쌍십절)을 기념하기도 한다.

13일의 금요일

9를 아슬아슬하게 느끼고, 같은 수가 겹치는 것을 행운으로 보는 것과 마찬가지로, 우리나라에서는 건물에 4층을 두지 않고, 서양에서는 제비를 뽑을 때 13을 두지 않는다. 우리나라에서는 발음상 숫자 4와 죽음을 뜻하는 죽을사(死)가 발음이 같아 금기시하는 때문이다. 서양에서도 마찬가지다. 「13일의 금요일」이라는 영화가 있다. 하룻밤 사이에 꼬리를 물고 벌어지는 끔찍한 살인을 그린 공포영화다. 서양 사람들 사이에서 13은 재앙을 의미하는 일이 많다. 더구나 이 수가 금요일과 겹치게 되는 13일의 금요일은 반드시 끔찍한 불행이 벌어지고 말 것 같은 공포로 다가온다. 영어에서는 '13 공포증Triskaidekaphobia'이라는 고유명사가 있을 정도로 13은 악마와 불행을 상징한다.

예수는 자신이 체포돼 사형될 것을 예감하고 12명의 제자와 함께 만찬을 들었다. 식사 도중 유다가 자리를 떠나 예수를 배반하고 병사들을 불러와 예수는 잡혀갔다. 다음날 예수는 십자가에 못박혀 죽음을 당했다. 예수는 죽은 지 3일 만에 부활했는데, 이날이 일요일(주의 날)이므로 역산하면 예수가 죽은 날은 금요일이 된다.

기독교도들은 예수와 12 제자를 합해 13명이 모인 곳에서 유다의 배반이 일어났으므로 13이라는 숫자에 배반과 불행이 담겨 있다고 믿게 됐다. 그리고 예수가 십자가에 못박힌 불행이 일어난 날이 금요일이었으므로 이 또한 불길함과 고통을 상징하게 됐다. 그러니 13과 금요일이 겹치는 날이 주는 의미는 불행한 일이 터지고 말 것 같은 공포와 불안이 아니겠는가. 심지어 오늘날까지 서양에서는 13명이 함께 회식을 하면 그해 안에 한 명이 죽음을 당한다는 미신도 있다.

사탄의 수 666

성경의 「요한 계시록」에는 '짐승의 수'라고 하는 숫자 666이 실려 있다. 이것이 무엇을 의미하는지에 대해서는 아직 잘 알려져 있지 않다. 다만 666이라는 숫자를 '사탄의 수'라고 해서 매우 혐오하는 생각은 고대 그리스와 로마에서 발달한 '게마트리아'라는 점수술(占數術)에서 유래한 믿음이라고 보는 견해가 많다.

나가다 히사시의 『역과 점의 과학』에 따르면, 숫자로 점을 치는 방법은 세계적으로 여러 가지가 알려져 있다. 중국과 우리나라에서 주역으로 점치는 것도 점수술의 일종이다. 게마트리아는 알파벳 각각에 숫자를 배당해서 단어가 만드는 숫자로 행불행을 점치는 것이다. 알파(A)=1, 베타(B)=2, 감마(Γ)=3 …… 에타(H)=8, 테타(θ)=9, 아이오타(I)=10, 카파(K)=20, 람다(Λ)=30, 뮤(M)=40, 뉴(N)=50 …… 로(P)=100, 시그마(Σ)=200, 타우(T)=300 …… 오메가(Ω)=800 등으로 매겨진다. 이에 따라 아멘($AMHN$, 라틴어)은 1, 40, 8, 50으로 99가 되는 식이다.

이 방식을 따르면 기독교도를 박해하고 처형했던 로마 황제 네로의 이름이 666이 된다. 또한 2차 대전을 일으키고 수많은 유태인을 학살한 히틀러의 이름도 666이 돼 사람들을 경악하게 만든다.

최근에는 공산품에 붙이는 바 코드에 666이 씌어 있다고 해서 인류의 종말이나 신의 심판이 가까웠다고 주장하는 사람들도 있다. 그러나 바 코드에 '사탄의 수' 666이 있다는 말은 오해에서 나온 것이다. 바 코드에서 기준점 역할을 하는 세 곳에 길다란 두 줄의 검은색 선이 ||와 같이 새겨져 있다. 검은색을 1, 흰색을 0으로 하면, 101이 된다. 바 코드에서 6을 나타내는 부호 중 하나가 1010000인데 이것을 앞부분만 따다가 6이라고 본 것이다.

4F

그러나 이 선들은 숫자를 나타내는 것이 아니라 바 코드를 읽는 기계가 인식하기 쉽도록 기준점 역할을 하는 것일 뿐이다. 바 코드에 666이 새겨져 있다는 소리는 혹세무민하는 참언에 지나지 않는다.

종교 개혁을 이끈 마르틴 루터의 이름도 게마트리아로 풀어내면 666이 나온다. 이 때문에 종교 개혁 당시 구교측에서는 루터가 악마라는 좋은 증거로 선전했지만, 신교가 자리잡은 오늘날 루터는 개신교의 선구자로 추앙받으니 점수술을 어떻게 봐야 할지 잘 드러나는 대목이다.

우리나라에서 뿌리깊게 자리잡은 작명학도 서양의 게마트리아와 다르지 않다. 한자 이름을 지을 때는 각 글자가 지니는 획수를 세어서 이것을 오행에 배당한다. 1획과 2획은 목(木), 3획과 4획은 화(火), 5획과 6획은 토(土), 7획과 8획은 금(金), 9획과 10획은 수(水)에 배당한다. 이름의 획수가 13, 6, 17이라면 화, 토, 금이 된다. 이 순서는 오행의 상생상극(相生相剋)의 원리상 상생의 관계가 되므로 매우 좋은 이름으로 친다. 만일 서로 상극 관계로 배열돼 있다면 그 이름은 좋지 않은 이름으로 본다. 최근에는 한글 이름인 경우에도 자음과 모음을 오행에 배당해서 글자의 순서가 어떤 배열을 이루는가에 따라 화복을 판단하는 일까지 생겼다. ㄱ, ㄲ, ㅋ은 숫자 5에 해당하고 ㄷ, ㄸ, ㅌ은 7에 해당한다는 식이다.

숫자가 주는 미학적인 느낌을 한번쯤 음미해보는 정도를 넘어 숫자에 대한 공포를 떨치지 못하거나 점수술에 의지해 복을 구하고자 하는 사람들이 많다. 이런 때에 유명한 행동주의 심리학자 스키너의 비둘기 실험은 시사하는 바가 크다. 스키너는 비둘기를 방에 가두고 특별히 설치된 막대기를 부리로 쪼면 먹이가 흘러나오게 실험 장치를 만들었다. 어느 날 비둘기가 우연히 방을 한바퀴 선회한 후, 부리로 막대를 쪼았더니 먹이가 흘러나왔다. 그러자 비둘기는 먹이가 생각날 때마다 매번 방안을 한바퀴 선회한 후 막대를 쪼았다. 막대를 건드리는 최종적인 행동이 먹이를 나오게 하는 것이지만, 비둘기는 자신이 방을 한바퀴 선회한 것 때문에 먹이가 나온다고 생각한 것이다.

아침에 장의차를 보면 재수가 좋다거나, 건물의 4층은 죽을사(死)와 관련이 있어 사고가 많이 난다거나 하는 믿음이 스키너의 비둘기가 생각한 것과 마찬가지다. 영화 「13일의 금요일」에서 등장인물들이 죽음을 당하는 이유는 사실 자신들의 방탕한 생활 때문이었다. 그러나 사람들은 이런 끔찍한 일이 13일과 금요일이 겹쳤기 때문에 일어난 것이라고 믿어버린다.

화목하게 잘살려는 자세가 없다면, 99년 9월 9일 9시에 결혼한다고 해서 특별히 행복한 결혼 생활이 될 이치가 무엇이란 말인가.

상사병과 사랑니

한의학에서는 오래 전부터 감정이 기의 흐름을 막으면 병이 된다고 했다. 한의학의 고전인 『황제내경』에는 '사기결(思氣結)'이라해 "생각이 많으면 기를 맺히게 한다"고 했다. 시어머니와 함께 사는 며느리나 스트레스가 많은 직장인들이 많이 걸린다는 울화병, 혹은 화병도 여기에서 멀지 않다. 마음에 쌓인 앙금이나 화나는 일이 있는데도 불구하고 꾹꾹 눌러 참는 일이 반복되면 그것이 병이 돼 여러 가지 신체의 이상으로 나타나는 것이다. 마음을 드러내고 감정을 풀지 못한 채 담아두고만 살다가 종국에는 병이 되는 것이다. "연정에 사로잡혀 생기는 병"이라는 상사병(相思病)도 마찬가지.

처음 사랑할 때와 같다면

중국 남조 시대 송나라의 한 선비가 화산기(華山畿)라는 고장을 지나다가 객사에서 한 여자를 만났다. 그는 첫눈에 반했는데 어찌

할 수 없자, 돌아와서 곧 상사병이 났다. 선비의 어머니는 사정을 듣고 당장 화산기로 달려가 그 여자에게 아들의 사정을 얘기했다. 여자는 자신의 치마를 벗어주며 선비의 요 밑에 깔아줄 것을 권했다. 어머니가 돌아와 그렇게 하자 선비는 씻은 듯이 나았다. 그런데 병상에서 일어나 이불을 개자, 요 밑에 여인의 치마가 있는 것이 아닌가. 선비는 또다시 여인의 생각으로 치마를 부둥켜안고 있다가 그것을 삼키고 자살해버렸다. 그러면서 죽기 전에 어머니에게 자신의 상여가 화산기를 거쳐가도록 부탁했다.

상여가 여자의 집 앞에 이르자 신기하게도 상여는 꼼짝도 하지 않았다. 이를 전해들은 여자는 목욕 재계하고 단장한 다음 "화산기에서 당신은 나 때문에 죽었는데, 홀로 누굴 위해 살겠어요. 기쁨이 처음 사랑할 때와 같다면 날 위해 관 뚜껑을 열어주세요"(중국 남조 시대 악부시) 하고 노래했다. 이윽고 노랫소리에 관 뚜껑이 열리자 순식간에 여자는 관 속으로 들어가버렸다. 사람들이 여자를 구하려고 해보았지만 관 뚜껑은 결코 열리지 않았다. 사람들은 하는 수 없이 둘을 합장해주었다.

상사병. 특정한 이성을 지극히 애탐하지만 그를 소유할 수 없을 때, 안타까움으로 몸져눕는 병이다. 정신분석학적으로 말하면 어릴 때부터 이상화된 대상이 내면에 잠재돼 있다가 사춘기나 성인이 된 후 동일시되는 대상을 발견하면서 이에 집착하게 되는 병. 많은 경우 부모의 상이 이상화된 경우가 많다. 흔히 남자에게는 어머니를 닮은 여자나 어머니의 느낌을 갖게 하는 여자가 대상이 된다.

집착은 심리적인 불안정을 낳고, 심리적인 불안정은 신체적인 이상을 수반한다. 바로 한의학에서 말하는 '칠정울결(七情鬱結)' 즉 감정이 기를 맺히게 해 병이 되는 것이다. 정신과에서는 이렇게 심리적인 불안정의 결과로 신체에 나타나는 장애를 '신체화 장애'라고 한다. 흔히 열이 나고, 머리가 아프고, 걷지를 못한다거나, 눈이 보이지 않는 등 증상은 다양하다. 마음이 쓰리고 욕구가 채워지지 못할 때 생활이 흐트러지면서 건강을 해치는 경우도 있으나, 많은 경우 원인이 없고, 대상이나 주변 사람들에게 자신의 안타까움을 알리는 방편으로 나타나는 신체적인 변화라고 할 수 있다.

귀염받고 자라던 어린아이가 동생이 태어나자 이유 없이 동생을 꼬집고 때리는 등 폭력을 쓰거나, 다리를 저는 등 이상한 행동을 하는 경우가 있는데, 이것도 자신에게 전해지던 부모의 사랑을 빼앗아간 동생에 대한 미움이, 혹은 부모의 애정을 되돌려보려는 마음이 신체화 장애로 나타난 것이다.

학교에 가기가 싫어 꾀병을 앓는 아이들도 마찬가지다. 방학 때는 건강하게 잘 지내던 아이가 학교 갈 때가 가까워오면 배가 아프다며 운신을 못 한다. 그러다가 "학교 가지 마라"고 하면 씻은 듯이 낫는다. 아프지도 않으면서 꾀부리는 아이들이 많아 '꾀병'이라고 하지만, 많은 경우 실제로 몸에 통증을 느낀다고 한다. 시험 보는 날 아침만 되면 배가 아프고 눈이 안 보이는 것들도 모두 매한가지

비 오 는 날

로 심리적인 요인으로 인해 나타난 신체화 장애라고 할 수 있다.

아이들의 경우는 어려서, 혹은 부끄러워서 마음의 짐이 된다고 하지만, 상사병을 앓는 사람들은 성인인데도 불구하고 이러한 병을 앓는다. 대부분 심약하고 내성적이어서 자신을 표현하지 못하고 속으로만 앓기 때문이다. 어쩌면 애어른이라고 할 수 있다. 또한 이들은 자신의 내부에 어떠한 형태로든 열등 의식을 가지고 있는 경우가 많다. 자신감이 없어 자연스럽게 자신을 표현하지 못하고 상상 속에서만 생각을 키워가면서 대상에 더욱 집착하게 되는 것이다.

단오와 발렌타인 데이

만일 이런 사람의 애달픔을 차마 외면하지 못하고, 상사병의 증상을 누그러뜨리기 위해 상대와 관련된 물건을 지니게 하면 오히려 증세를 악화시킬 수 있다. 화산기 일화에서 여인이 남자에게 치마를 전해준 것이 대표적인 예이다. 남자는 상대방의 마음이 열린 것으로 착각하고 더욱 집착하게 되며, 결국 상대의 냉담한 마음이 변하지 않았다는 것을 발견하자 더욱 심한 좌절감으로 자살까지 이르게 된 것이다.

전문가들은 이런 경우 막힌 마음을 자연스럽게 열고 자신을 표현하도록 권한다. 거기에는 어느 정도의 용기가 필요하겠지만, 풍속에 기대어 자연스럽게 자신을 보일 수 있다면 참으로 좋을 것이다. 예로부터 단오나 칠석 같은 축제는 자연스런 사교의 장이 되지 않았던가. 발렌타인 데이, 화이트 데이가 쑥스럽고 용기 없는 마음을 누르고 자연스럽게 자신의 의중을 내보일 수 있는 기회가 될 수도 있을 듯싶다. 남들도 다 하고, 특히 오늘은 흉될 것이 없다는 생각이 용기를 줄 수 있는 것이다.

3세기경 로마 황제 클라우디우스 2세는 원정에 징집된 병사들이 출병 직전 결혼을 하면 사기가 떨어질 것을 염려해 결혼을 금지했다. 그러나 사랑의 감정을 무엇으로 막을 것인가. 한 쌍의 남녀는 열렬히 사랑하게 됐고, 그들을 안타까워한 발렌타인 신부는 몰래 결혼을 허락하고 주례를 했다. 후에 이 일이 발각돼 발렌타인은 처형됐는데, 그날이 서기 270년 2월 14일이었다.

처음에 발렌타인 데이는 부모와 자식들이 감사의 카드를 교환하는 날로 시작됐다고 한다. 그러나 현대에는 여성이 남성에게 사랑을 고백하는 날로 변했다. 일설에는 이때가 들새들이 발정을 시작하기 때문에 남녀간의 연정과 관계 있는 풍습이 생겨났다고도 한다.

발렌타인 데이는 최근 우리나라에서 여자가 남자에게 사랑을 고백하며 초콜릿을 선물하는 날로 굳어져버렸다. 초콜릿 선물 풍습은 일본의 초콜릿 제조 회사의 상업적인 농간에서 비롯된 것이라고 하지만, 이날만 되면 너나없이 더 멋지고 비싼 초콜릿을 구하기 위해 온 나라가 시끄러울 지경이다. 보다 더 좋은 것을 선물하면서 상대의 마음을 얻으려고 하는 것이야 크게 나무랄 일이 아니겠지만, 그러다가 정작 전해야 할 마음은 잃어버리고 초콜릿만 전해주게 되지 않을까.

사랑니가 나려면 참으로 아프다. 마치 첫사랑을 앓듯이 몹시 아프기 때문에 이런 이름이 생겼다고 한다. 그런데 서양에서는 이 이빨이 나면서 지혜가 생긴다고 해서 '지혜의 이'라고 부른다. 사랑은 사랑니가 날 때처럼 흔히 아픔을 동반하기 십상이다. 그러나 그 아픔은 지혜를 얻는 길이기도 하다. 가슴에 품은 연정은 사랑니처럼 아프게 속살을 뚫고 나와야 지혜를 볼 수 있을 것이다.

바늘구멍 황소바람

밖에는 찬바람이 몰아치고 솜이불도 변변찮은 살림살이에 한겨울을 지내기는 험한 일이다. 이런 때 창호지 한 장으로 막은 창문의 틈새로 바람이 새어들고 문풍지가 떨리면, 자식을 품은 부모의 가슴은 더욱 시리다.

문풍지 사이로 드는 바람에 얼굴을 가져가면 찬 기운이 살을 엔다. 바늘구멍만한 틈으로 새어드는 바람 끝은 왜 그리 시린 걸까? 아마도 가난한 마음으로 맞는 바람이기 때문일 것이다. 그러나 그것만은 아니다. 실제로 문틈으로 새어드는 바람 끝은 활짝 열린 창으로 드는 것보다 훨씬 세다.

명량해전과 모기약 뿌리기

18세기 스위스의 과학자 베르누이는 통로가 좁은 곳을 통과하는 공기는 통로가 넓은 곳을 지나는 공기보다 속도가 빨라진다는 것을 발견했다. 이것은 공기뿐만 아니라 모든 유체에서 마찬가지다. 임진왜란 때 이순신 장군은 명량해전에서 겨우 12척의 전함만으로 4백여 척이 넘는 왜군의 대선단을 크게 무찔렀다. 이 전투에서 이순신 장군이 이용한 것이 바로 베르누이 정리이다. 해남군 문내면의 바닷가와 진도군 군내면 녹진 사이를 가르는 울돌목이라는 좁은 바다가 있다. 이곳은 길목이 좁아 밀물이나 썰물에 바닷물이 드나들 때는 일시에 좁은 통로로 통과하기 때문에 물살이 엄청나게 빠르다. 이순신 장군은 바로 이곳의 센 물살을 이용해 승리했다. 왜군의 배들을 유인해 이곳으로 끌어들인 다음 썰물 때에 일시에 공격함으로써 이들이 도망칠 때 물살에 못 이겨 좌충우돌하게 하고, 길목에 쇠사슬을 설치해 당기면 왜군의 배들은 센 물살로 인해 쇠사슬을 피하지 못하고 쓸려나가다가 전복되었던 것이다.

유체가 빠르게 통과하는 곳은 압력이 약해진다. 대양에서는 큰 배가 지나갈 때 바로 옆을 지나던 작은 배들은 큰 배에 이끌려 충돌하는 일이 많다. 이것은 큰 배를 스쳐지나는 물살이 빠른 곳에서 압력이 낮아져 옆을 지나던 작은 배가 이곳으로 당겨지기 때문이다. 또한 빠른 속도로 버스나 기차가 달려갈 때 옆에 서 있으면 몸이 차량 쪽으로 쏠리는 느낌을 받는 것도 같은 이유다.

어렸을 때 쓰던 입으로 부는 모기약의 분무 원리가 바로 이것이다. 지금은 가스의 압력을 이용해 손가락으로 누르기만 하면 자동으로 분사되는 모기약이 많이 쓰이지만, 80년대초까지만 하더라도 모기약은 대개가 유리병에 담겨 있었다. 기역자로 된 플라스틱 대롱은 꺾인 부분이 트여 있어 한쪽을 불면 다른 쪽 대롱의 끝으로 바람이 지나가게 되어 있었다. 대롱의 끝에 바람을 불어주면 스쳐가는 바람의 속도 때문에 이 부근에서 압력이 줄어들게 된다. 때문에 모기약은 압력이 낮은 쪽으로 빨려올라가게 된다. 그리고 입구로 빨려올라간 모기약은 통로를 통과하던 공기와 섞여 분무를 이루고 고루 뿌려진다. 어린 마음에는 대롱을 불기만 해도 아래에서 모기약이 올라와 뿌려진다는 게 참 신기한 일이었다. 그래서 머리가 띵해지도록 한참씩 모기약을 불면서 어떻게 액체가 올라오는지 관찰하곤 했던 기억이 있다.

한겨울 창호지로 바른 문풍지의 좁은 틈새에 얼굴을 살짝 대보면 바늘로 찌르는 듯한 차가운 기운이 느껴진다. 그래서 어른들은 "바늘구멍 황소바람"이라고 했다. 지금 생각해보면 이것도 베르누이 정리로 이해할 수 있겠다. 탁 트인 곳에서 천천히 불던 바람이 좁은 곳을 통과하면서 속도가 빨라지고 바람 끝도 황소만큼 세고 매워지는 것이다.

제비가 날궂이 한다

속담이나 금언에는 경험으로 터득한 생활의 지혜가 압축돼 있다. 이들은 대개 도덕이나 예절을 언급하고 있지만, 뒷면에 상당한 과학적 관찰과 분석을 토대로 한 것들이 많다. 그 중에서 농사와 관련된 속담들은 오늘날의 기상학적인 분석과도 잘 맞아떨어진다.

"마구간 냄새가 고약하면 비가 온다"는 말이 있다. 냄새는 보통 공기 중으로 퍼져나가는데, 지표 부근에 저기압이 형성돼 기류가 안정되면 냄새가 퍼지지 않고 낮게 깔린다. 저기압에서는 냄새뿐만 아니라 연기도 높이 퍼져나가지 못하고 낮게 깔린다. 사람들은 냄새를 통해 주변에 기류가 안정된 저기압이 형성돼 있다는 것과 이에 따라 곧 비가 오리라는 것을 경험으로 체득했던 것이다.

흔히 제비가 낮게 나는 것도 비 올 징조로 여겼다. 일반적으로 비가 오려면 저기압이 형성돼 습도가 높아진다. 곤충들은 날개가 약해 습도가 높아지면 높이 날지 못한다. 또 습도가 높아 궂은 날씨가 예상되면 벌레들은 나뭇잎이나 풀숲에서 비를 피할 곳을 찾아 낮게 날아다닌다.

제비가 낮게 나는 것은 이런 곤충들을 잡으려 하기 때문이다. 이를 "제비가 날궂이 한다"고 하는데, 지표 부근의 습도 변화와 동물의 습성에 대한 과학적인 관찰이 속담에 반영된 것을 알 수 있다.

낮말은 새가 듣고 밤말은 쥐가 듣는다

"낮말은 새가 듣고 밤말은 쥐가 듣는다"는 말이 있다. 말조심하라는 의미로 알려진 이 속담에도 실은 음파의 진행에 대한 과학적인 통찰이 숨어 있다. 파동은 밀도가 다른 매질을 통과할 때 밀도가 낮은 쪽에서 밀도가 높은 쪽으로 굴절된다. 낮 동안 지표면이 뜨거워지면 지면 부근의 공기 밀도가 낮아진다. 이에 비해 상공의 공기

가죽 피리의 위력

는 상대적으로 온도가 낮고 밀도가 높은 상태에 있게 된다. 지면 부근에서 울려퍼진 음파는 자연히 공기 밀도가 낮은 지면 쪽에서 공기 밀도가 높은 상공 쪽으로 휘게 된다.

음파가 상공 쪽으로 휜다는 것은 상공 쪽으로 소리가 잘 퍼져나간다는 말이다. 이 때문에 낮에는 소리가 상공으로 퍼져, 지면 부근에서는 소리가 잘 들리지 않는다. 새는 공중을 날고 있으므로 상공으로 퍼지는 낮말을 잘 들을 수 있는 것이다. 밤에는 낮 동안 가열된 지표면이 쉽게 식어, 지면 부근의 온도가 상공의 온도보다 낮게 된다. 공기의 밀도는 낮과 반대로 지면 부근에서는 높고 상공에서는 상대적으로 낮다. 때문에 음파는 상공에서 지면 쪽으로 휘게 된다. 상공에서 지면 쪽으로 음파가 굴절되므로 밤에는 상공에서보다 지면 부근에서 소리가 더 잘 들리게 된다. 쥐는 지표면에서 생활하므로 지면 쪽으로 굴절된 밤말을 잘 들을 수 있는 것이다.

속담은 일상 생활에서 얻은 지혜의 창고이기도 하지만, 여기에는 자연에 대한 이해가 함께 담겨 있는 것을 알 수 있다. 흔히 과학은 자연을 지배하는 지식이라고 생각하고 생활의 차원으로 내려오기 힘든 어려운 지식으로 여긴다. 그러나 기실 과학의 출발은 자연의 관찰이요, 그 지식의 대부분은 자연에 대한 서술로 이루어져 있다. 자연과 더불어 사는 삶의 어느 곳엔들 과학이 없겠는가. 주변의 사물들에서 과학을 발견하지 못하고, 과학은 노벨상을 받은 과학자에게나 유명 대학의 실험실에 있는 것으로만 여기는 우리에게 어울리는 속담이 있다. "등잔 밑이 어둡다."

엄마 손은 약손

저녁상을 물리고 마당에 펴놓은 평상에 누우면 여름밤의 하늘에는 별이 총총했다. 마당 가에서는 모깃불이 매캐한 연기를 뿜으며 타고, 누런 암소는 가끔씩 까닭 없이 음머~ 하고 울어댔다.

어머니 무릎을 베고 누웠던 소년은 갑자기 아랫배가 아팠다. 칭얼대며 모두에게 아픔을 호소했지만 돌아오는 것은 하루 종일 일없이 또래들과 몰려다니고, 오이 서리 같은 나쁜 짓을 해서 벌받는다는 손위 형제들의 핀잔뿐이었다. 이런 때 어머니는 콩깍지같이 까실한 손마디가 배꼽에 느껴지도록 소년의 배를 쓰다듬으면서 말했다. "엄마 손은 약손, 애기 배는 똥배."

소년은 속으로 '엄마 손으로 정말 아픈 배가 나아질까?' 하는데, 신기하게도 얼마쯤 쓰다듬자 배는 점점 편해졌다. 이윽고 소년은 한 번도 가보지 못한 먼 동네 위를 쏜살같이 흐르는 별똥별을 따라가다가 스르르 잠이 들었다.

소년의 배가 나은 것처럼 수많은 사람들이 엄마 손의 약효를 경험하면서 자랐다. 효과 좋은 상비약이 많이 있는 요즘에도 어머니들은 칭얼거리는 아이에게 약보다 먼저 '엄마 손은 약손'을 처방하고 있다.

약보다 먼저인 엄마 손의 치료 효과는 과학적인 견지에서 여러 가지 근거가 있다. 먼저 이것은 위약 효과(플라세보 효과)에 기인한다. 약 모양으로 만든 비스킷을 복통에 듣는 영약으로 알고 먹은 사람이 아픔이 없어지는 일이 많다. 약이 실제적인 효과가 없어도 그 '약을 먹으면 나을 것이라는 믿음' 때문에 고통이 사라지는 것이다. 실제 아프지도 않은데 심리적인 영향으로 아픔을 호소하는 사람들에게 진짜 진통제와 밀가루로 만든 약을 진통제라고 말하면서 처방하면 똑같은 효과가 나타난다고 한다. 그래서 전쟁과 같은 극단적인 상황에서 가벼운 질병을 앓는 장병들에게 꼭 필요한 약이 없으면 위약을 투여해 효과를 보는 일이 종종 있다고 한다.

흔히 아이들은 어른들이 무엇이든 할 수 있다고 믿는다. 특히 자신을 늘 보호해주는 할머니나 어머니는 아이들이 가장 믿고 따르는 대상이다. 이 때문에 아이들은 당연히 엄마의 손이 고통을 없애줄 수 있다고 굳게 믿고 이것이 배앓이를 멎게 하는 것이다.

이는 미개 사회에서 흔히 이루어지는 주술적인 치료와 상통한다. 치료약이 변변치 않은 사회에서는 주문을 외우거나, 금기를 제시하는 주술사의 치료가 질병 치료에 중요한 역할을 한다. 고대 이집트의 파피루스에는, 어지럼증이 있을 때 피를 뽑는 치료와 더불어 "닭 우는 소리를 내라"는 등의 주술 치료 사례가 많이 나온다. 일반인들은 주술사가 신탁을 받은 신비한 능력을 지니고 있는 것으로 믿고 있다. 이런 믿음을 지닌 사람에게 주술사의 주술 행위는 물리적인 치료 효과가 전혀 없는 것일지라도 효과를 발휘하는 좋은 위약이 되는 것이다.

종교적인 안수 행위도 상당 부분 이러한 심리적인 위안을 통해 치료 효과가 나타나는 것으로 해석되고 있다. 실제 병증의 치료와는 전혀 상관없는 행위이지만, 종교 지도자가 머리에 손을 얹고 기도하는 것만으로도 환자는 '이제 다 나았구나' 하는 믿음을 갖게 되고 이런 믿음이 자연 치유력을 증가시켜 증상을 개선하게 된다는 것이다.

장운동을 자극해

한편 운동 연습을 하다 휴식하면서 갑자기 얼음을 먹으면 배가 아픈 것처럼, 아이들이 배가 아픈 것은 낮에 찬 것을 너무 많이 먹었기 때문일 수 있다. 흔히 배가 차가워진 상태에서는 소화기의 기능이 저하된다. 한의서에는 뜨거운 음식 다음에 찬 음식을 먹는 것은 괜찮지만, 찬 음식 다음에 뜨거운 음식을 먹는 것은 금하고 있다. 배가 차가워지면 탈이 난다는 것을 오랜 옛날부터 알고 있었던 것이다. 이때 따뜻한 손길로 배 부위를 온화하게 하는 것은 실질적인 치료 효과를 발휘한다. 손으로 온기를 전해주어 배를 따뜻하게 해주면 차가운 상태에 놓여 있는 배가 안정돼 배앓이가 치료되는 것이다.

또 배를 쓰다듬어주면 자연히 내장이 자극돼 장운동이 활발해지고 배앓이가 사라진다. 한의학에서는 흔히 위와 장이 약한 사람에게 배 부위를 둥글게 마사지하는 운동을 권한다. 배꼽을 중심으로 시계 방향으로 동심원을 그리면서 배를 꾹꾹 눌러주며 쓸어주면 장운동이 활발해져 변비가 사라지고 변이 노랗게 변하는 효험을 볼 수 있고 더불어 아랫배의 살이 빠지는 효과도 있다고 한다. 엄마 손뿐 아니라 모든 손이 약손이 될 수 있는 것이다.

기 치료를 믿는 사람들은 기를 주고받는 것이 치료 효과로 나타난다는 주장을 한다. 이에 따르면, 아이들의 배앓이는 신체에 익숙하지 않은 기운이 유입돼 생긴다고 한다. 때문에 배를 쓸 때 어머니의 기가 자식에게 전달되면, 복부의 막힌 기운이 소통돼 아픔이 사라진다는 것이다. 잠잘 때 두 손을 깍지껴서 윗배에 올려놓고 잠을 자는 습관을 들이면 손바닥의 기가 배에 전해져 뱃속을 풀어주어 몸에 아주 좋다고 한다.

사랑을 확인하는 행위

엄마 손의 약효는 '사랑 확인 이론' 으로 설명되기도 한다. 영국

스킨십의 진화

의 저명한 동물행동학자 데스먼드 모리스는 『털 없는 원숭이』라는 책에서 사람들의 사랑 확인 절차가 동물의 털 손질 행위에서 발전된 것이라고 주장한 적이 있다. 동물은 서로 털 손질을 해주면서 질병에 감염되는 것을 막는다. 그런데 인간은 털 손질 행위를 서로간의 유대를 강화하는 방법으로까지 발전시켰다. 인간은 서로의 몸을 손질해주면서 깨끗이 하는 것과 더불어 서로의 친근함을 확인하는 것이다. 그는 사람들이 겪는 아픔을 심각한 '질병'과 사소한 '불편함' 정도로 구분하고, 배앓이는 사소한 불편함에 속하는 것으로 본다. 복통·감기·몸살 등 사소한 감염과 질병은 심각한 질병이 나타나려는 초기 단계라고 흔히 생각하지만, 실제로 이러한 사소한 불편함들은 혈육의 유대를 매개해주고 강화해주는 '털 손질 욕구'와 훨씬 더 많은 관계를 가지고 있다는 것이 모리스의 주장이다.

때문에 배앓이 같은 증상은 정말로 신체에 문제가 생겼기 때문이 아니라, 쓰다듬는 행위에서 느껴지는 사랑을 확인하고 싶은 욕구가 육체적 형태로 나타난 것이라고 한다. 환자가 옆사람에게 더 많은 관심을 받고 싶어할 때 이러한 불편함이 나타난다는 것이다. 기침·감기·독감·요통·두통·복통·뾰루지·인후염·편도선염·후두염 등이 대개 '사랑 확인'을 유인하는 흔한 질병이다. 이들 증상은 의사·간호원·약사, 친척 및 친구들의 보살핌 행위를 유인한다. 그래서 환자에게 주위 사람들의 우호적인 동정심과 보살핌이 전해지면, 대개 이것으로 병이 낫는 것이다.

아이의 배앓이가 생기는 원인은 여러 가지가 있지만, 모리스의 설명에 따르면 엄마의 사랑이 아쉬울 때 나타난다. 흔히 어린아이들은 동생이 태어나면 자꾸 아프다고 떼를 쓰거나 말썽을 피워댄다. 이것은 자신에게 전해지던 부모의 사랑을 동생에게 빼앗겨버린 데 대한 보상 심리 때문이라고 한다.

아마도 배앓이를 하는 소년도 또래들과 헤어질 때 느꼈던 아쉬움을 보상할 만한 식구들의 사랑을 확인하고 싶었던 것이 아니었을까. 당신의 옆사람이 사소한 질병으로 아프면, 그는 당신에게서 사랑을 확인하고 싶은 것인지 모른다. 이런 때 당신이 자식을 쓰다듬는 어머니의 손길처럼 따듯한 마음을 그에게 전해주면, 그의 병은 곧 나을 것이다.

별에 대한 오해

예전에 한참 인기를 끌었던 「혹성 탈출」이라는 영화가 있었다. 원숭이처럼 생긴 외계인들이 인간을 지배하는 곳에서 인간들이 저항하고 탈출하는 상황을 묘사한 영화이다. 하지만 이 영화는 얼마 안 있어 제목이 「행성 탈출」로 바뀌었다. 왜 그랬을까. 여기서 '혹성'이라는 말은 영어 'planet'을 일본 사람들이 번역할 때 '위치가 변하는 별'이라는 뜻으로 '미혹할혹(惑)' 자를 써서 부른 것이다. 우리나라에서는 항성의 주변을 도는 '떠돌이별'을 '다닐행(行)' 자를 써서 '행성'으로 부른다. 누군가가 영화를 번역할 때 일본식 용어를 그대로 사용했기 때문에 벌어진 일이었다.

계절이 지나가는 하늘

우리말에서 '별'은 일반적으로 '모든 천체'를 가리킨다. 하지만 천문학에서는 스스로 빛을 내는 별인 '항성(恒星)'과 항성의 빛을 반사해서 빛을 내는 별인 '행성(行星)'을 구분해야 한다. 영어로 행성은 planet이라고 한다. 이 말은 원래 '떠돌이'라는 뜻이다. 행성이 항성 사이를 이리저리 움직여 가기 때문에 붙여진 이름이다. 반면 항성은 핵융합 반응을 통해 스스로 빛을 낼 수 있는 것만을 가리킨다. 그래서 영어로는 항성을 'star' 혹은 'field star'라고 써서 행성과 구분한다. 목성이나 토성은 밤하늘에서 가장 밝게 보이지만 스스로 빛을 내지는 못하는 행성이다. "저 별은 나의 별, 저 별은 너의 별" 하면서 사랑을 속삭였던 연인들은 혹여 밝다고 해서 행성을 자기의 별로 정하지 않았는지 점검해볼 일이다.

별에 대한 또 하나의 오해는 밤하늘의 별이 셀 수 없이 많다고 생각하는 것이다. 물론 우주에는 별들이 '셀 수 없이 많다.' 우리 은하에만 수천억 개의 별이 있고, 이런 은하가 또한 수천억 개 모여 우주를 이루니 그 숫자는 헤아릴 수 없는 셈이다. 그러나 정작 밤하늘에서 '보이는' 별에 대해서는 그렇지 않다. 윤동주는 「별 헤는 밤」에서 다음과 같이 노래했다.

계절이 지나가는 하늘에는
가을로 가득 차 있습니다.

나는 아무 걱정도 없이
가을 속의 별들을 다 헤일 듯합니다.

가슴속에 하나둘 새겨지는 별을

이제 다 못 헤는 것은

쉬이 아침이 오는 까닭이요,

내일 밤이 남은 까닭이요,

아직 나의 청춘이 다하지 않은 까닭입니다.

별 하나에 추억과

별 하나에 사랑과

별 하나에 쓸쓸함과

별 하나에 동경과

별 하나에 詩와

별 하나에 어머니, 어머니,

어머님, 나는 별 하나에 아름다운 말 한마디씩 불러봅니다. 소학교 때 책상을 같이했던 아이들의 이름과 佩, 鏡, 玉 이런 異國 少女들의 이름과, 벌써 애기 어머니 된 계집애들의 이름과, 가난한 이웃 사람들의 이름과 비둘기, 강아지, 토끼, 노새, 노루, 프란시스 잠, 라이너 마리아 릴케 이런 詩人의 이름을 불러봅니다.

"계절이 지나가는 하늘에는/가을로 가득 차 있습니다" 하는 구절을 보면 윤동주는 별자리가 계절마다 달라진다는 것을 잘 알고 있었던 것 같다. 물론 높고 푸른 하늘을 보고 계절이 가을임을 알았을

하나 둘 셋 넷…

쉰여섯 쉰일곱 쉰여덟
쉰아홉 예순 예순하나
예순둘 예순셋 예순넷…

천이백하나 천이백둘
천이백셋 천이백넷 천이백
다섯 천이백여섯 천이백일
곱 천이백여덟…

백만스물하나 백만스물둘
백만스물셋 백만스물넷 백만스
물다섯 백만스물여섯 백만스물
일곱 백만스물여덟 백만스물아
홉 백만서른 백만서른하나…

별헤는 밤

수도 있지만, 역시 하늘빛 자체만으로는 계절이 지나간다고 하기가 어렵다. 그래서 "계절이 지나가는 하늘"은 계절마다 달라지는 하늘의 별자리를 지칭한 것으로 볼 수 있다. 별자리에 조금만 관심을 가지면 봄철에는 목동자리와 처녀자리, 여름철에는 백조자리와 거문고자리, 가을철에는 페가수스자리와 물병자리, 겨울철에는 오리온자리 등을 보면서 계절이 지나가는 것을 알 수 있다. 그래서 견우와 직녀가 만난다는 칠월 칠석은 실제로 여름철이고 이때 하늘에서는 여름철 별자리에 속한 견우와 직녀별을 볼 수 있다.

셀 수 없이 많은 별?

하지만 "별을/이제 다 못 헤는" 까닭을 말한 부분에서는 누구나 지니고 있는 오해를 윤동주도 갖고 있다는 것을 알 수 있다. "내일 밤이 남은 까닭이요,/아직 나의 청춘이 다하지 않은 까닭입니다" 하는 말에서 별의 개수를 오늘밤에 억지로 다 세지 않겠다는 의도를 읽을 수 있다. 하지만 그보다 먼저 "쉬이 아침이 오는 까닭"에 별을 다 못 센다는 표현은 과학적으로 보면 엄연히 틀린 것이다. 이는 실제로 밤하늘의 별을 세어보지 않고 그저 많다는 생각만을 강조한 오해에 지나지 않는다.

별은 밝기에 따라서 그 등급을 정한다. 1등급, 2등급, 3등급 하는 식으로 부르는데, 숫자가 클수록 어두운 별이다. 1등급보다 더 밝은 별은 음의 부호(−)를 붙여 부른다. 태양은 −26등급이다. 우리가 맨눈으로 볼 수 있는 별은 약 6등급보다 밝은 별뿐이다. 다른 것들은 어두워서 보이지 않고 쌍안경이나 망원경을 이용해 별빛을 더 많이 모아야 보인다.

시골이나 해변가로 나가 밤하늘을 올려다보면, 우리의 눈을 의심할 정도로 많은 별들이 하늘에 떠 있다. 하지만 이들도 모두 합해 3천 개를 넘지 않는다. 온 하늘에서 6등급 이상으로 밝게 보이는 별 수는 약 6천 개이지만, 그 중 지평선 위에 떠 있는 별 수는 절반인 3천 개로 줄어든다. 그리고 지평선 근처의 별들은 산에 가려지므로 결국 밤하늘에서 실제로 볼 수 있는 별은 대략 2천 개 정도다. 만약 "별 하나에 추억과 별 하나에 사랑과 별 하나에 쓸쓸함과…… 비둘기, 강아지, 참새, 노새……" 하면서 2초에 별을 하나씩 센다고 가정한다면 채 두 시간도 안 되어 밤하늘의 별을 모두 셀 수 있다. 공해가 심한 현재의 서울 밤하늘에서라면 기껏해야 볼 수 있는 별은 수백 개 정도일 뿐이다. 그렇다면 20분이면 밤하늘의 별을 모두 셀 수 있는 셈이다. '별처럼 많다' 는 말은 알고 보면 그리 많은 것이 아니다.

별 무리 짓기

여기저기 무질서하게 흩어져 있는 별들을 하나하나 구별한다는 것은 어려운 일이다. 그래서 오랜 옛날부터 별들을 특정한 모양으로 연결해서 기억하기 쉽게 별자리를 만들었다. 서양에서는 약 5천

년 전 메소포타미아 지방에 살고 있던 양치기들이 밝은 별들을 서로 연결해 여러 가지 동물들의 모습을 만들었다. 바빌로니아 별자리들은 그 후 그리스에 전해졌는데, 이곳에서 그리스 신화에 등장하는 신들과 영웅들의 이름이 붙게 되었다.

동양에서도 별자리를 만들었는데, 중국이나 우리나라에서는 하늘에 인간 세계의 모습이 그대로 그려져 있다고 생각했다. 북극성은 옥황상제의 자리이고, 그 주변에는 황궁이 있다고 상상했다. 또한 궁녀들과 후원, 대신들과 장수들이 정무를 보는 곳이 있고, 일반 서민들이 살아가는 시장, 우물 등을 상상해서 별들을 무리지었다. 서양과 동양의 문화가 다르듯이 별을 보면서 상상했던 형상들도 상당히 달랐다. 대표적인 것은 북두칠성이다. 서양에서는 큰곰의 등뼈를 이루는 북두칠성이 고대 동양에서는 황제가 타고 가는 금마차로 그려졌다.

그리스의 별자리는 서양에서 오랫동안 쓰여오다가 르네상스 시대 독일의 천문학자 페터 아피안에 의해 북반구의 별자리 지도가 오늘날과 같은 모습으로 만들어졌다. 또한 대항해 시대에 남반구까지 진출한 유럽인들은 그때까지 북반구에서는 보이지 않던 남반구의 별자리들을 만들었다. 1750년경 프랑스의 라카유는 남쪽 하늘의 별자리를 정리해서 발표했다. 1930년 국제천문연맹(IAU)에서는 민족마다 다르게 쓰는 별자리들을 정리해 모두 88개의 세계 공식 별자리로 확정했다. 오늘날 모든 사람들이 기억하는 별자리가 바로 이것이다. 우리나라에서는 이 88개의 별자리 중에서 남반구 별자리를 제외한 약 50개를 볼 수 있다.

하지만 예로부터 중국과 우리나라에서 사용해온 전통 별자리는 무려 3백여 개가 넘었다. 정사를 돌보는 각 계급의 사람들, 군인들, 생활 용품 등 인간의 생활에서 의미있는 것들이 대부분 하늘에 있다고 상상했기 때문에 이토록 숫자가 많아졌다. 그 중에서도 황도 주변을 따라서 펼쳐진 이십팔수(二十八宿)라는 28개의 별자리는 특히 중요하게 생각했다. 지금은 대부분의 전통 별자리들이 사람들의 기억 속에서 잊혀져버렸지만, 견우와 직녀는 아직까지도 잘 알려진 전통 별자리이다. 우리나라 사람이면 누구나 칠월 칠석에는 견우와 직녀가 까치와 까마귀들이 몸을 맞대 만들어준 오작교를 건너 1년에 한 번씩 재회한다는 아름다운 전설을 기억하고 있다.

은하수에서 허우적대는 견우

하지만 여기에도 큰 오해가 있다. 현재 우리가 알고 있는 견우성은 전통 별자리에서의 견우성이 아니기 때문이다. 많은 책에서 직녀성은 거문고자리의 일등성인 베가이고, 견우성은 독수리자리의 일등성인 알타이르로 설명한다. 하지만 전통 별자리에서 직녀성은 지금과 일치하지만, 견우성은 독수리자리보다 더 남쪽으로 내려간 염소자리의 별이다.

성도에서 확인하거나 여름날 밤하늘에서 은하수를 보면, 독수리자리는 은하수에 겹쳐 있는 것을 알 수 있다. 때문에 만일 이곳의 알타

이르를 견우성이라고 한다면 견우는 은하수를 건너 직녀와 만나기는 커녕 은하수에 빠져 허우적대고 있는 형상이다. 전설처럼 견우와 직녀가 은하수를 건너서 만나려면 견우성은 전통 별자리에서처럼 은하수를 건너 남쪽으로 더 내려간 염소자리 언저리에 있어야 한다.

또 한 가지. "반짝반짝 작은 별~" "반짝이는 별빛 아래 소곤소곤~" 등의 노래말처럼 별의 특징은 '반짝' 이는 것이다. 그런데 이런 상식에도 오해가 개입돼 있다. 변광성이 아니라면 별은 실제로 반짝이는 것이 아니기 때문이다. 별은 수소나 헬륨이 핵융합 반응을 일으켜 엄청난 빛과 열을 내는 불덩어리이다. 한마디로 숯불 덩어리가 어둠 속에 빛나고 있는 것이나 마찬가지다. 그래서 별은 계속해서 빛을 낼 뿐 깜박이는 일은 없다.

그런데도 별이 깜박이는 것처럼 보이는 것은 지구의 대기 때문이다. 우주에서 날아오는 별빛이 지구의 대기권을 통과하면서 대기의 요동으로 흔들리는 것이다. 물 속에 동전을 넣고 물을 저으면 동전의 모양이 흔들려 보이는 것과 마찬가지다. 이렇게 흔들리는 별빛을 보고 있으면 별이 밝아졌다 어두워졌다 하며 반짝이는 것처럼 보인다. 만약 우리가 대기권을 벗어난 우주 공간에서 별을 본다면 별들의 반짝임을 볼 수 없을 것이다. 따라서 반짝이는 별은 일반인에게는 더 예쁘게 보일지 모르나, 천문학자들은 반갑지가 않다. 별이 많이 반짝일 때는 대기의 요동이 심해서 관측 오차가 커지기 때문에 측정을 정확히 할 수가 없다. 허블 우주 망원경이 지구의 대기권 밖으로 나간 이유가 여기에 있다.

간지럼나무와 대추나무 시집보내기

연전에 전라남도 담양의 명옥헌에 갈 기회가 있었다. 연못 둘레에 심어진 빨간 꽃을 피운 나무를 볼 수 있었는데, 백일홍이라고 했다. 그런데 가만히 보니 우리가 어렸을 때 간지럼나무로 불렀던 나무였다. 이유미 박사의 『우리가 정말 알아야 할 우리 나무 백 가지』(현암사)를 보니 7월에서 9월까지 약 백 일 동안이나 붉은 꽃을 피워 나무백일홍으로 불리는 배롱나무라고 한다. 한자로는 파양수(怕癢樹), 즉 '간질임을 두려워하는 나무'인데, 전라·충청도 지역에서는 이 나무를 간지럼나무로 부른다. 원숭이도 떨어질 듯한 반질반질한 줄기에는 흰빛이 얼룩얼룩한 무늬가 있는데, 이 무늬를 손톱으로 살살 긁어주면 나무 전체가 간지럼을 타는 것처럼 산들거리는 것을 볼 수 있다. 배롱나무가 손톱 자극에 대해 어떤 생리적인 변화를 일으켜 산들거리는지 그 이유는 아직 잘 알려져 있지 않다. 하지만 식물들이 자극에 민감하다는 것을 생각해보면 실제로 간지럼을 타는 것인지도 모른다.

손짓과 바람 구별하는 뽕나무

흔히 의식이 없고 자극에 대한 반응도 거의 없는 사람을 '식물 인간'이라고 부른다. 그러나 이 말은 식물에게는 참으로 모욕적인 말이다. 식물생리학자들에 따르면, 식물은 무감각한 존재가 아니라 자극에 매우 민감하고 공격자에게는 적극적인 방어를 하는 활동적인 존재이다. 또한 식물 상호간에도 의사 소통을 하면서 다가올 위험에 공동으로 대비하는 지혜를 보이기도 한다.

농촌진흥청 잠사곤충부의 이원주 부장은 지난 94년부터 식물이 외부 자극에 어떤 반응을 보이는지 연구한 바 있다. 식물의 체내에는 늘 미약한 전류가 흐르고 있다는 것에 착안해 뽕나무에 검류기를 설치하고 전류의 변화를 관측했다. 잎을 손으로 잡거나 뜨거운 것을 대고 있는 동안에는 전류가 계속해서 격렬하게 변동하다가 손을 떼면 정상으로 돌아왔다. 그러나 선풍기를 가져다가 바람을 일으켜주면 전류는 처음에 심하게 반응하지만, 2분쯤 지나면 바람이 계속 불어도 전류는 정상으로 돌아왔다. 식물이 위험한 자극과 자연스런 자극을 구별한다는 얘기다.

"손타는 강아지는 안 큰다"는 말처럼 식물도 자꾸만 귀찮은 자극을 주면 스트레스를 받아 성장이 저해된다. 옛 어른들은 웃자란 곡식들이 쓰러지지 말라고 아침마다 장대를 들고 곡식을 쓸어주었다. 이렇게 하면 태풍이 와서 다른 집의 곡식들이 쓰러져도 장대로 쓸어준 곡식은 단단히 설 수 있었다. 바로 식물에 인위적으로 스트레스를 주어 생장을 억제한 때문이다.

식물이 휘었다 폈다 하는 자극을 많이 받으면 체내에 에틸렌이 많이 분비돼 이것이 길이 생장을 억제하고 부피 생장이 증가하도록 작용한다. 바람이 그칠 날 없는 고산 지방에서 키 낮은 식물들이 많은 것도 계속되는 바람이 식물을 흔들어대기 때문으로 이해할 수 있다. 그러나 계속되는 바람 속에서도 스트레스로 죽지 않고 살 수 있는 것은 바람 같은 자연의 자극에는 일시적으로 반응하다가 위험하지 않음을 알고 더 이상 반응하지 않기 때문이다.

포식자 오면 소문 퍼져

식물은 늘 수동적인 존재로 여겨지지만, 공격자에 대해서는 오히려 적극적인 방어를 한다. 강원대 생물학과 진창덕 교수에 따르면, 버드나무의 일종은 메뚜기떼가 몰려오면 미리 잎사귀들을 축 늘어뜨려 자신이 맛없는 존재로 보이게 한다. 또한 담배의 한 잎사귀를 벌레가 갉아먹기 시작하면 이 소식은 순식간에 몸 전체에 퍼져 특정한 화학 물질을 생산해 방어한다. 이 물질은 곤충의 소화관 속에서 단백질 분해를 억제하는 물질로 작용해 해충이 입맛이 없어져 더 먹을 마음이 안 생기게 한다.

한편 벌레에 공격받은 담배는 다른 개체에게도 이 소식을 알린다. 공격받은 잎에서는 페놀계 화합물인 살리실산이 생산된다. 이 물질은 휘발성이 있어 바람에 날려 다른 담배에 전해진다. 그러면 다른 담배들도 일제히 소화 억제 물질을 분배해 벌레의 공격을 저지시키는 것이다. 소식이 전해지는 빠르기는 1분에 약 24m 정도라고 한다. 또한 사막의 초목들이 초식 동물이 잎을 뜯으려고 몰려들 때 옆 나무의 소식을 전해듣고 순식간에 씁쓸한 맛을 내는 타닌 성분을 분비해서 맛없는 잎사귀로 만든다는 것은 잘 알려진 사실이다. 때문에 동물들은 자신이 왔다는 소식이 바람을 타고 다른 식물들에게 전해지지 않도록 늘 바람이 불어오는 쪽을 향하고 풀을 뜯는다고 한다.

음악을 즐기는 오이

최근에는 식물들이 음악을 즐기기도 한다는 사실이 밝혀지고 있다. 이원주 부장은 90년대 초반부터 꾸준한 연구를 통해 부드럽고 잔잔한 음악을 듣고 자란 미나리·오이·토마토 등의 소출이 월등히 많아진 것을 실험실에서 확인했다. 최근에는 농가에서의 일반 재배에서도 음악 효과를 확인하고 있다고 한다. 또 음악을 들려준 난초의 생장이 음악 없이 자란 쪽보다 훨씬 좋고, 무의 발아율이 확연하게 좋아진다는 후속 연구들도 보고되고 있다. 이를 보면 "곡식은 주인의 발소리를 듣고 큰다"는 우리 속담이 실은 과학적 근거가 있는 말이다. 이 속담은 흔히 발이 닳도록 부지런히 곡식을 돌보라는 의미로 해석됐다. 그러나 사실은 곡식이 아침저녁으로 자신을 돌보러 오는 주인의 경쾌한 발소리에 성장이 촉진됐을 수도 있었던

헤비 메탈

셈이다.

음파가 직접적으로 세포의 생장에 영향을 미치는 것인지, 아니면 다른 생리적인 과정을 거쳐 이런 효과가 나타나는 것인지 아직은 확인하기 어렵다. 그러나 어떻든 음악이 식물의 생장에 영향을 미친다는 사실은 부인하기 어렵다. 흥미로운 것은 거의 소음에 가까울 정도로 시끄러운 헤비 메탈 음악을 들려주며 키운 콩나물은 머리가 95% 이상 깨진 채 성장했다는 보고다. 사람에게 싫은 소리는 식물에게도 싫은 소리일 가능성이 있다.

대추나무 시집 보내기

유실수는 '해거리'라고 해서 어느 해에 결실이 많으면 다음해에는 수확이 크게 떨어진다. 그런데 해마다 제사는 정해져 있어 필요한 제수를 줄이기는 쉽지 않다. 이 때문에 조상들은 '대추나무 시집보내기'를 해서 수확을 늘렸다. 이는 대추나무 가지 사이에 돌을 끼워두는 것이다. 보통은 다산을 기원하는 종교 의식으로, 혹은 돌멩이로 인해 가지가 벌어지고 더 많은 잔가지가 생겨 수확이 증가하는 것으로 생각해왔다. 그런데 이렇게 끼워놓은 돌멩이가 의외로 나무의 결실에 큰 역할을 한다는 것이 밝혀져 조상들의 지혜에 감탄하게 한다.

대추나무 시집보내기는 현대 원예학에서의 환상박피(環狀剝皮)와 같은 원리로 이해할 수 있다. 나무는 잎에서 만들어진 탄수화물을 뿌리로 내려보내고 뿌리에서 흡수한 질소와 무기 염류 성분은 가지와 잎으로 이동시킨다. 유실수는 잎에서 만들어진 탄수화물과 뿌리에서 올라온 질소 성분의 비율에 따라 열매를 맺는 양이 달라진다. 잎과 줄기에서 탄수화물의 비율이 질소에 비해 상대적으로 크면 꽃눈이 많이 만들어진다. 그러나 질소 성분이 많아지면 가지들이 영양 생장에만 신경을 쓰고 꽃눈을 만드는 데는 힘을 쓰지 않는다. 거름을 너무 많이 주면 웃자라는 것도 이와 관련이 있다.

그런데 대추나무에 돌을 끼워두면 돌이 관다발을 파고들어가 양분의 이동을 방해하기 때문에 잎과 가지에서 탄수화물의 비율이 높아져 꽃눈을 많이 만들어낸다. 현대 원예학에서는 유실수의 수확량을 늘리기 위해 '환상박피'라고 해서 가지에 빙 둘러 얇게 껍질을 벗겨주는데, 바로 이것이 양분의 이동을 방해해 잎과 줄기에 탄수화물의 비율을 높이는 효과를 노리는 것이다. 또한 줄기를 철사로 줄기를 감아두기도 하고, 뿌리를 조금 잘라주거나, 줄기에 칼자국을 내거나 했던 조상들의 방법이 모두 같은 원리에서 출발한 것이다. 나뭇가지 끝을 아래로 휘어지게 잡아맨 것도 휘어진 부분에서 조직을 긴축시켜 수액의 이동을 어렵게 해 과실을 늘리려는 지혜였다.

주변에는 무슨 화분이고 잘 키우지 못하는 사람들이 있다. 날짜에 맞춰 물을 주고 거름을 주었는데도 잘 자라지 않는다고 불평하기도 한다. 그런 사람들은 화분에 담긴 식물이 자신의 말소리와 손짓을 느낀다는 것을 모른 채 식물을 무시하고 거칠게 대하지 않았는가 반성해봐야 한다. 우리가 무감각하고 수동적인 존재로 무시해

왔던 식물이 사실은 간지럼을 타고, 주인의 발소리를 알아듣고, 시
집을 보내주어야 열매를 많이 맺는 존재임을 되새겨보자. 식물이
그러할진대 하물며 사람에 있어서라면.

찔레꽃은 붉지 않다

가요 무대에서 불려지는 흘러간 노래 중에 백난아씨가 부른 「찔레꽃」이 있다. "찔레꽃 붉게 피는/남쪽 나라 내 고향/언덕 위에 초가 삼간/그립습니다……" 고향에서 이별한 임과의 추억을 떠올리는 노래다. 고향과 어머니, 그리고 어린 시절을 추억케 하는 찔레꽃은 예전에는 배고픈 어린 동무들의 간식 거리였다. 보릿고개를 아는 어른들은 봄에 돋아나는 연한 찔레 순의 껍질을 벗겨 먹었던 일이 그립다. "엄마 일 가는 길에 하얀 찔레꽃/찔레꽃 하얀 잎은 맛도 좋지/배고픈 날 가만히 따먹었다오/엄마 엄마 부르며 따먹었다오" 하는 민중 가요에서도 이 추억을 볼 수 있다.

붉은 찔레꽃은 없다

하지만 백난아의 「찔레꽃」에는 한 가지 어색한 점이 있다. 찔레꽃에는 연분홍과 흰색 꽃은 있지만 붉은 꽃은 없기 때문이다. 나무

박사로 잘 알려진 광릉수목원의 이유미씨는 『우리가 정말 알아야 할 우리 나무 백 가지』(현암사)에서 "찔레는 붉은 꽃이 없으며, 특히 따뜻한 남쪽 지방보다는 중부 지방에 흔해서 남쪽 나라의 추억으로는 어울리지 않는다"고 했다. 아마도 작사가는 어감상 어쩔 수 없이 "붉게 피는"이라고 한 듯하다. "연분홍으로 피는"이나 "하얗게 피는"은 운율도 안 맞고, "희게 피는"이라고 해도 "붉게 피는"보다는 어쩐지 어색하다. 이런 것도 '시적 허용'이라고 할 수 있는지 모르겠으나 아무튼 시나 노래에서는 과학적으로 볼 때 오류가 적지 않다.

"어느새 내 마음 민들레 홀씨 되어/강바람 타고 훨훨 네 곁으로 간다"로 이어지는 「민들레 홀씨 되어」라는 노래가 대표적이다. 한마디로 민들레의 씨는 '홀씨'가 아닌 것이다. 홀씨는 식물학에서 다른 말로 '포자'라고 한다. 포자는 '다른 생식 세포와 접합 없이 새로운 개체로 발생할 수 있는 생식 세포'로 정의된다. 포자는 조류·선류·태류·양치류와 같이 씨를 만들지 않는 식물에서 두드러질 뿐 종자 식물에서는 거의 찾아볼 수 없다. 그러니 민들레의 씨를 홀씨라고 부르는 것은 커다란 오류이다. 물론 포자로 번식하는 것들 중에는 바람을 이용해 멀리 날아가 퍼지는 식물들이 많다. 민들레 씨 또한 머리 부분에 잔털이 달려 있어 쉽게 바람을 타고 멀리까지 퍼져간다. 아마 '홀씨는 바람을 타고 퍼진다'와 '민들레 씨도 바람을 타고 퍼진다'는 두 사실을 연결해 '바람을 타고 퍼지는 민들레 씨는 홀씨다'라고 잘못된 결론을 만들어낸 것 같다.

찔레꽃 붉게 피는 남쪽 나라 ~♩♪♪
붉은색 찔레꽃이 어디 있냐? 찔레꽃은 흰색인데.

새벽에 토끼가 눈 비비고 일어나 ♪
토끼는 야행성이가 새벽에는 잠자러 집에 가야지.

도대체가 노래 가사들이 너무 비과학적이야!

이이는 사 ♪
이삼은 육 ♪
삼육 십팔

구 구 단

립스틱 짙게 바르고

가수 임주리씨가 불러 히트시킨 「립스틱 짙게 바르고」는 중년 여성들이 즐겨 부르는 노래다. 그런데 이 노래에 나오는 노래말의 의미는 너무나 시적이어서 약간의 오해마저도 감추어버린다. "아침에 피었다가 저녁에 지고 마는/나팔꽃처럼 짧은 사랑아 속절없는 사랑아"라는 구절이 나온다. 나팔꽃이 아침 햇살에 꽃잎을 벌렸다가 저녁때가 되면 속절없이 시드는 생리를 표현한 듯하다. 그러나 외국에는 특별하게 그런 종이 있다고 하지만 우리나라의 나팔꽃은 단 하루 만에 지지는 않는다. 아침에 피었다가 저녁에는 꽃잎을 닫고 시들해지지만, 다음날 아침이 되면 다시 생기 있게 며칠을 피고 시드는 일을 반복한다. 꽃잎을 닫고 시드는 것을 그냥 '진다' 고 표현했다고 하면 모르겠지만, 일상어에서 꽃이 '진다' 는 말은 '떨기가 떨어진다' 는 의미가 강하다.

다만 옛사람들은 나팔꽃의 이런 생리를 상심의 눈으로 보면서 아침에 피었다가 저녁에는 시들어 져버리는 허망한 사랑을 떠올렸던 것 같다. 그래서 서양에서는 나팔꽃을 '아침의 영광(모닝 글로리)'이라고 부르고, 꽃말처럼 '허무한 사랑' 을 대표하는 것으로 여겼다. 작사가는 아마도 나팔꽃의 생리를 사실대로 표현하려는 의도가 아니라 그 꽃말에서 허무한 사랑이라는 의미를 따오고자 했던 모양이다. 이유야 어쨌건 나팔꽃의 사연을 알고서 이 노래를 부른다면 허무한 사랑이 더 깊은 실감으로 다가오지 않을까.

김태곤씨가 부른 「망부석」이라는 노래의 2절에는 "깊은 밤 잠 못 이뤄/창문 열고 밖을 보니/초생달만 외로이 떴네"라는 구절이 있다. 엄밀성을 추구하는 과학에서는 어떤 사물이나 사실을 개념적으로 정확히 지시해야 한다. 그러나 일상에서는 비슷한 것들을 뭉뚱그려 한통속으로 표현하는 일이 많다. 반달만 하더라도 과학에서는 그것이 상현(오른쪽 반달)인지 하현(왼쪽 반달)인지 구별해야 한다. 그러나 일상에서는 그저 '반달' 해버리고 만다.

초승달 또한 그믐달과 구분하지 않고 눈썹 모양의 달이면 대충 '초승달' 이라고 표현하고 만다. 하지만 노래에서처럼 새벽이 가까운 깊은 밤에 보이는 달은 엄밀하게 말하면 그믐달이어야 한다. 초승달은 저녁때 서쪽 하늘에 잠깐 보였다가 지는 달이고, 그믐달은 새벽에 동쪽 하늘에서 잠깐 보이다 날이 밝아져 보이지 않게 된다.

초승달과 함께 나온 금성

이병기의 시에 곡을 붙인 「별」이라는 노래가 있다. "바람이 서늘도 하여 뜰 앞에 나섰더니/서산 머리에 하늘은 구름을 벗어나고/산뜻한 초사흘 달이 별 함께 나오더라/달은 넘어가고 별만 서로 반짝인다." 여기서 시인에게 '초사흘 달' 이 정확한 '월령 3일의 달' 이냐고 물을 수는 없을 것이다. 그냥 눈썹 모양의 달을 '초사흘 달' 로 표현했다고 봐야 할 것이다.

그런데 시인은 정말로 초사흘 달과 별들을 보면서 이 시를 지었

을까. 과학적인 분석을 해보건대, '그렇다'이다. "서산 머리에 하늘
은 구름을 벗어나"는 모습을 볼 수 있으므로 이때는 아직 완전히 어
두워지지 않은 저녁 무렵이다. 그리고 "바람이 서늘"하다고 했으므
로 계절은 가을철. 그렇다면 가을철 저녁 무렵 초승달이 어둠과 함
께 나타나는 때이다. 이때는 완전히 어두워지지 않아 일등성 정도
의 밝은 별들만 달과 함께 보일 수 있다. 가을철 서쪽에 있는 별자
리는 목동자리, 처녀자리 등의 별자리이다. 이곳에서 처녀자리 일
등성인 스피카는 고도가 낮아 이미 지평선 아래로 졌을 가능성이
있다. 목동자리 일등성 아크투루스는 보일 수 있지만, 이는 천정(天
頂) 부근의 별이므로 고도가 너무 높아 달과 함께 나온다고 보기는
힘들다. 때문에 이 별은 행성이었을 가능성이 크며 그 중에서 금성
이 유력하다. 화성이나 목성 같은 외행성도 가능성이 있지만, 가을
철 서쪽 하늘 지평선 근처에 있을 확률은 금성보다 크게 떨어진다.
시인은 아마, 어느 가을철, 음력 초순, 해질 무렵에 동방 최대이각
근처에 있는 금성이 서쪽 하늘에서 초승달과 함께 모습을 드러내는
상황을 보고 있었을 것이다.

동요 「옹달샘」에서는 "깊은 산속 옹달샘/누가 와서 먹나요/
[……]/새벽에 토끼가 눈 비비고 일어나/세수하러 왔다가 물만 먹
고 가지요"라고 했다. 그런데 토끼의 습성을 보면 이 노래도 결코
옳은 관찰에 기초한 것이 아니다. 산토끼는 원래 야행성 동물이라
주로 밤에 먹을 것을 찾아다니다가 새벽이 되면 오히려 집으로 돌
아가 잠을 청하는 것이 상식이다. 그러니 새벽에 눈 비비고 일어난

다고 하는 것은 이치에 맞지 않다. 더구나 토끼는 습기를 싫어하므로 물을 찾아서 먹는 일은 거의 없고 식물의 잎이나 뿌리를 먹어서 수분을 섭취한다. 아마도 어린이들에게 새벽에 일찍 일어나 세수를 하는 좋은 습관을 가르치기 위해 귀여운 토끼를 끌어온 것이겠지만, 참새나 송아지 같은 다른 동물이 낫지 않았을까.

알아서 더 아름다운 자연

사람들은 흔히 시와 노래에 과학이 있으면 더 딱딱해지기만 하고 감동이 줄어든다고 말한다. 아폴로가 달에 착륙함으로써 토끼가 사라졌다고 억울해하는 것도 같은 맥락이다. 하지만 잘 사용할 줄 몰라서 그렇지 과학의 눈은 아름다움을 더 많이 보여줄 수 있는 눈이다. 중력은 질량이 있는 모든 물체에 작용하는 만유의 힘이라는 사실을 모르는 사람이 다음 시에서 아름다움을 제대로 느낄 수 있을까.

우리는 어디로 갔다가 어디서 돌아왔느냐 자기의 꼬리를 물고 뱅뱅 돌았을 뿐이다 대낮보다 찬란한 태양도 궤도를 이탈하지 못한다 태양보다 냉철한 뭇별들도 궤도를 이탈하지 못하므로 가는 곳만 가고 아는 것만 알 뿐이다 집도 절도 죽도 밥도 다 떨어져 빈 몸으로 돌아왔을 때 나는 보았다 단 한 번 궤도를 이탈함으로써 두번 다시 궤도에 진입하지 못할지라도 캄캄한 하늘에 획을 긋는 별, 그 똥, 짧

지만, 그래도 획을 그을 수 있는, 포기한 자 그래서 이탈한 자가 문
득 자유롭다는 것을 (김중식, 「이탈한 자가 문득」 전문, 『황금빛 모
서리』, 문학과지성사)

선녀의 옷자락에 바위가 닿을 때까지

억겁의 시간, 천재일우의 기회, 억만금의 재물. 누구에게나 익숙한 말이면서도 과연 그것이 원래의 뜻대로 잘 이해되고 있는지 의문이다. '겁(劫)'이나 '재(載)' 같은 말을 정확히 알기도 어렵거니와 십중팔구는 '억만금'처럼 이미 알고 있다고 생각하는 의미도 실은 오해가 깃들여 있기 때문이다.

풀어보자. 숫자를 세는 단위수는 어렸을 때부터 배운다. 단, 십, 백, 천, 만, 억, 조. 예산이 80조 원이라거나, 공사비가 2조 원이라거나 하면서 조 단위까지는 익숙하다. 그보다 큰 수는 어떨까. 조선시대에 사용됐던 단위수를, 세종대왕도 수학 교재로 삼았다는 중국 송나라 주세걸의 『산학계몽』이라는 책에서 찾아보자. 조 이상의 큰 수들은 익숙하지 않지만, 조·경·해·자·양·구·간·정·재·극·항하사·아승기·나유타·불가사의·무량대수까지 이른다. 이러한 수는 고대의 중국에서부터 전통적으로 써오던 단위수에 항하사·나유타·아승기 등과 같은 인도 불교에서의 수 관념이 겹쳐진 것이다.

억조창생은 몇 명?

옛날부터 중국에서는 수의 단위를 10개로 분류했다. 억·조·경·해·자·양·구·간·정·재가 그것이다. 재는 바로 중국에서 써오던 가장 큰 수를 나타내는 말이었다. 단·십·백·천·만(10^4)·십만·백만·천만·억(10^8)·십억·백억·천억·조(10^{12})·십조·백조·천조·경(10^{16}) 하는 식으로 세어나가면 억·조·경 등이 모두 10의 4제곱 단위로 올라가는 수라는 것을 알 수 있다. 그러니 재는 10의 44제곱이나 되는 큰 수이다.

그런데 지금은 10의 4제곱 단위가 익숙하지만, 옛날에는 단위수를 올리는 방식이 세 가지였다. 하나는 고대부터 일상 생활에서 돈이나 곡물을 셀 때 써왔던 단위수로 단·십·백·천·만·억·조·경·해 등으로 곧바로 올라가는 10의 거듭제곱 단위수이다. 때문에 이 방법으로 하면 억은 10^5, 조는 10^6, 경은 10^7, 해는 10^8이 된다. 일반적으로 옛 문헌에서 생활과 관련돼 "억만금이나 되는 돈"이라고 하면 대부분 이 단위법으로 쓰인 말이다.

온 나라의 백성들을 일컬어 억조창생(億兆蒼生)이라고 했다. 10의 거듭제곱으로 올라가는 이 단위법이라면 억조창생은 오늘날의 수십만~수백만 인구로 생각할 수 있다. 현재 중국의 인구는 12억을 헤아리지만 고대에는 작은 소국으로 나뉘어 있었고 인구도 훨씬

무한수, 만약 1이 없다면

적었을 것이니 억조창생이라 해도 그리 많은 인구는 아니다. 만일 오늘날처럼 10의 4제곱 단위법으로 보면 억조는 수억(10^8)~수조(10^{12})의 인구가 돼버리므로 수가 너무 많다. 현재의 세계 인구를 다 합해야 1백억이 못 되는데, 당시에 수억이고 수조라면 너무 많은 인구다.

큰 수를 천문학적 숫자라고 하듯이 천문학을 다룰 때는 위와 같은 10의 거듭제곱 단위법은 나타낼 수 있는 수가 너무 적어 불편하다. 그래서 10의 4제곱 단위법을 쓰기도 하지만, 단위가 조 이상을 넘어가면 '십경·백경·천경·해'처럼 익숙하지가 않다. 그래서 천문학에서는 특별히 큰 수를 일상으로 쓰는 단위인 만·억·조 등으로 나타내기 위해 10의 8제곱법이 사용됐다. 단·십·백·천·만·십만·백만·천만·억(10^8)·십억·백억·천억·만억·십만억·백만억·천만억·조(10^{16})·십조·백조·천조·만조·십만조·백만조·천만조·경(10^{24}) 등으로 단위를 올린 것이다. 이런 단위법을 쓰면 조가 10의 16승이 돼 천문학적인 큰 수라도 쉽게 나타낼 수 있다.

억세게 좋은 기회, 천재일우

천재일우(千載一遇)는 10의 4제곱 단위법으로 센 것인데, 재가 10의 44제곱이므로 천재는 10의 47제곱이 된다. 천재일우의 기회는 10의 47제곱분의 1의 확률로 얻을 수 있는 기회이니, 엄청나게 희박한 기회임을 알 수 있다.

그렇다면 억겁은 어떠한가. 겁은 공식적인 단위수는 아니지만, 불교적인 의미를 갖는 시간 단위다. 불교에서 정의하는 겁은 거의 인간이 상상할 수 있는 가장 긴 시간이다. 일본인 나가다 히사시(永田久)의 『역과 점의 과학』(동문선)에 따르면, 달구지로 한나절 걸리는 거리(약 14km)를 한 변으로 하는 정육면체의 바위를 선녀의 옷자락으로 백 년에 한 번씩 스쳐 바위가 다 닳아 없어져도 겁이 끝나지 않는다고 한다. 또한 그 바위만한 크기의 그릇에 겨자씨를 채워 백 년에 한 알씩 꺼내 다 없어질 때까지로 정의되기도 한다. 그러니 겁이 억 개나 있는 억겁은 상상조차 어려운 오랜 시간이며, 불교에서 말하는 영겁은 영원히 겁이 계속되는 것이니, 바로 영원의 의미가 된다.

옛날 중국 한나라 무제 때 동방삭이라는 사람은 황제에게 바치기로 돼 있던 천도 복숭아를 훔쳐먹고 신선이 돼 삼천 갑자를 살았다고 한다. 동방삭의 이야기는 장수를 이야기할 때는 어김없이 나오는 유명한 일화다. 그런데 이때의 삼천 갑자가 얼마나 되는 시간인가에 대해서는 논란이 있다. 우선 1갑자(甲子)는 10간 12지의 조합으로 만들어진 60단위를 일컫는다. 갑자, 을축, 병인, 정묘 등등으로 조합해나가 60개의 간지가 생긴다. 해마다 그해의 간지를 정묘년, 무진년 등으로 부르는 것도 여기서 비롯됐다. 회갑과 환갑은 1갑자(60년)가 지나 자신이 태어난 해의 간지가 다시 돌아왔다는 의미다. 동방삭이 살았다는 삼천 갑자는 그러므로 1만 8천 년이라고 할 수 있다.

그러나 동방삭은 실존했던 인물이라 1만 8천 년이라면 그가 아직도 죽지 않고 살아 있다는 뜻인데, 이것은 너무 허황하다. 그래서 어떤 이들은 삼천의 천을 '일천천(千)'이 아닌 '옮길천(遷)'으로 해석하고, '갑자를 세 번 옮겼다' 해서 백팔십 년으로 생각한다. 세계 여러 곳에 백삼십 세를 넘는 장수자들이 있듯이 백팔십 년은 어느 정도 이해할 수 있는 과장이다.

세대차는 30년 차이

"세대 차이 나서 말이 안 통한다"에서 세대 차이란 문화적 차이이기도 하지만, 한 세대, 두 세대 하듯이 절대적인 시간의 차이를 의미하기도 한다. 흔히 한 세대를 30년으로 잡는다. 이는 인간이 태어나서 성장해 다시 자식을 낳아 다음 세대를 이루는 시간이라고 해서 만들어진 것으로 종종 설명된다. 그러나 일반적인 이해와 달리 세대는 전통 시대부터 써왔던 매우 오래된 시간 단위다.

중국 북송 시대의 철학자인 소옹은 '원회운세(元會運世)의 설'이라는 우주의 변화 원리를 제창했다. 원회운세는 하루, 한 달, 일 년에 들어 있는 시간 관계를 기초로 한 시간 단위다. 한 달은 30개의 하루이고, 1년은 12개의 달인 것처럼 원회운세도 30과 12의 묶음을 규칙으로 시간을 정해나간다. 1년이 30개 모이면 1세, 1세가 12개 모이면 1운, 1운이 30개 모이면 1회, 1회가 12개 모이면 1원이 된다. 세대 차이의 세(世)가 30년이라는 의미가 여기에 근거하고 있다. 결국 1원은 12만 9천 6백 년이 되는데, 이 시간은 소옹과 같은 유학자가 보는 우주의 시작에서 종말까지의 시간이었다. 현대 천문학에서는 우주의 나이를 120억~150억 년으로 보고 있다. 옛사람이 상상했던 우주의 수명이 현대에 비해 매우 짧았음을 알 수 있다.

천 단위와 만 단위, 동양과 서양

여기 돈이 31,500,030,000원 있다. 우리나라 사람 중에 돈을 만지는 직업에 있는 사람 빼고 이것을 금방 315억 3만 원으로 읽을 수 있는 사람은 많지 않다. 왜 그럴까. 답은 서양식 단위수를 올리는 방법이 우리의 방식과 차이가 나기 때문이다. 앞에서 보았듯이 우리의 방식은 만(10^4) · 억(10^8) · 조(10^{12})가 모두 10의 4제곱 단위로 올라간다. 그러나 영어의 thousand(10^3) · million(10^6) · billion(10^9) · trillion(10^{12})에서 알 수 있듯이, 서양식은 10의 3제곱 단위로 올라간다. 때문에 31,500,030,000의 세 자리마다 찍은 콤마는 서양식 표기이다. 세 자리마다 콤마를 찍어두면 서양 사람은 금방 알아볼 수 있지만 우리에게는 아무런 도움이 되지 않는다. 우리가 읽기 쉽게 하려면 차라리 네 자리마다 콤마를 찍어야 만 · 억 · 조를 금방 알 수 있다. 과학사학자 박성래 교수(외국어대)는 오래 전부터 네 자리 콤마법을 써야 한다고 주장해왔지만, 아직 우리 사회에서는 메아리가 별로 없다.

서기 2000년. 새로운 밀레니엄이 시작된다고 해서 온 세계가 흥분하고 있다. 천년 왕국인 밀레니엄은 10의 3제곱 단위를 쓰는 서양 문화에서 만들어진 의미다. 우리 식으로 하자면 만년 왕국이 돼야 할 것이다. 오래도록 녹지 않는 히말라야의 눈을 만년설이라 하고, 멀고먼 미래를 '자손 만대'라고 하듯이 우리는 만 단위에 의미를 부여해왔다. 서양에서 천이라는 숫자가 무엇의 끝이거나 다시 시작하는 단절과 분절을 의미한다면 동양의 만(萬)은 거의 변하지 않는 영원을 상징한다. 새 천년을 기다리면서 불의 심판이니 세상의 종말이니 하면서 온갖 허황한 참설들을 늘어놓는 사람들이 끝이 없는 만년 왕국을 상상할 수 있을까.

서리 맞은 단풍은 꽃보다 붉지 않다

가을은 '천고마비(天高馬肥)'의 계절이라고 한다. "하늘은 높고 말은 살찐다"는 뜻이다. 이 말의 유래는 중국 고대로 거슬러 올라간다. 고대에는 서로 좋은 땅을 차지하기 위해 전쟁이 잦았지만, 가을에는 추수를 해야 하기 때문에 서로 전쟁을 피했다고 한다. 때문에 말이 전쟁터에서 힘든 일을 하지 않고 편안히 쉬면서 풀을 먹을 수 있었으므로 말이 살찌는 계절이었다는 것이다.

그렇다면 가을 하늘은 실제로 높은가? 하늘이 푸른 것은 지구의 대기권을 이루는 공기 입자들이 햇빛 중에서 푸른색 계통의 빛을 주로 산란시키기 때문이다. 그런데 우리나라나 중국은 여름에 고온 다습한 북태평양 고기압의 영향으로 비가 많이 오고 습기가 많아 공기 중에 작은 물방울들이 많이 떠다닌다. 공기 중에 수증기나 다른 먼지 입자들이 많으면 햇빛이 이 입자들에 대부분 산란돼버려 그 색깔은 뿌옇게 된다. 햇빛에는 원래 빨주노초파남보의 일곱 가지 빛이 모두 들어 있다. 하지만 물방울 입자를 통해 모든 색깔의 빛이 산란되므로 여름 하늘의 색은 뿌옇게 되는 것이다.

그러나 가을이 되면 대륙성 고기압의 영향으로 날씨가 건조해지면서 공기 중의 수증기가 줄어든다. 때문에 공기 중에는 햇빛을 산란시킬 입자들이 적어서 아주 작은 공기 입자들만이 빛을 산란시킨다. 이때 공기 입자들에 의해 산란되는 빛은 대부분 푸른색뿐이라 가을 하늘은 높고 푸른 것이다.

엽록소가 만드는 단풍

높고 푸른 가을 하늘에 노을이 지면 어느 시인의 표현대로 "먼 산에 부딪쳐 타는 눈부신 석양"을 볼 수 있다. 쪽빛 하늘과 붉은 석양, 여기에 선홍색 단풍은 가을을 완성하는 정취다.

율곡 이이(李珥, 1536~1584)는 「화석정(花石亭)」이라는 시에서

숲 정자에 가을 저무니,
나그네 시정(詩情)은 그지없어라
먼 강물 하늘에 닿아 푸르고,
서리 단풍잎(霜楓) 하늘에 붉다

고 읊었다. 고려 때의 학자인 이장용(李藏用, 1201~1272) 또한

한 이파리 바스락 지는,

밤 소리에 깜짝 놀라,

천산(千山)의 푸른 숲들,

문득 서리 내린 아침에 상기됐네

라고 했다. 모두들 가을 정취의 대명사인 단풍을 노래한 것이다. 한용운의 「님의 침묵」에서처럼 "푸른 산빛을 깨치고 단풍나무숲을 향하여 난 길로" 가고 있는 가을의 색깔.

여름내 잎들은 푸르렀다. 그 푸르름을 지켜주었던 것은 잎 속의 엽록소. 그러나 가을이 돼 식물들이 겨울 준비를 하면서 잎으로 오는 수분과 영양분이 줄어들면, 엽록소는 조금씩 파괴되고 잎은 푸른색을 잃어간다. 이때 엽록소가 사라진 자리에는 그 동안 엽록소의 푸른색에 가려져 있던 잎 속의 카로틴과 잔토필이라는 노란 색소가 모습을 드러내 잎은 노랗게 변해간다. 공해 묻은 도심을 한순간 수놓고 져가는 노란색 은행잎도 이렇게 만들어진다.

노란색보다는 붉은색 단풍

하지만 옛사람들은 노란 단풍보다는 붉은 단풍을 윗길로 쳤고, 언제나 시정의 출발은 붉은 단풍이었다. 왜인가. 시인들의 눈에는 잎사귀 안에서 붉은색을 새로 만들기 위해 분투하는 식물들의 노력이 보였던 것은 아닌지. 붉은색 단풍은 엽록소가 사라지면서 원래 잎 속에 있던 색소가 나타나는 것이 아니라, 잎이 안토시아닌이라는 새로운 색소를 만들어 붉어진다. 노란 단풍은 저절로 노랗게 된다고 할 수 있지만 붉은 단풍은 노력이 있어야 붉어지는 것이다.

안토시아닌은 탄수화물이 많을수록 많이 만들어진다. 탄수화물이 많이 쌓이려면 낮에는 잎이 광합성을 왕성하게 하고, 밤에는 호흡을 적게 해서 이미 만들어놓은 탄수화물을 조금 소비해야 한다. 그러니 낮에는 햇볕이 많이 들고 밤에는 시원하면서 밤과 낮의 온도차가 많이 나야 한다. 가을에 사과가 익으면서 열매의 위쪽이 먼저 붉어지는 것은 위쪽이 햇볕을 많이 받아 탄수화물이 많이 만들어지고 이곳에서 안토시아닌이 많이 생성되기 때문이다.

붉은 단풍이 곱고 진하게 들려면 일교차가 적당하고 햇빛이 많은 날씨가 돼야 한다. 밤낮의 온도차가 너무 심하면 단풍의 색이 곱지 않은데, 우리보다 건조한 기후인 유럽의 단풍이 예쁘지 않은 것은 이 때문이다. 우리나라의 가을 날씨는 밤낮의 온도차가 크게 나지 않으면서 기온이 서서히 내려가므로 안토시아닌의 생성에 최적의 조건이다. 금수강산이자, 화려강산인 이유가 여기에 있다.

시인들의 오해

한편, 사람들은 단풍을 묘사할 때 꼭 서리와 연관시키고, '서리를 맞아야 단풍이 든다'고 생각한다. 이율곡의 시나 이장용의 시에서도 단풍과 서리는 함께였다. 중국 당나라 때 시인 두목(杜牧)의 「산행(山行)」이라는 시에 나오는 "서리 맞은 잎사귀가 2월의 꽃보다

천고마비의 계절

붉다(霜葉紅於二月花)"는 구절은 너무나 유명하다.

"단풍은 서리가 내린 후에 든다"는 속설은 과학적으로 보면 조금 잘못된 것이다. 서리는 기온이 빙점 아래로 떨어질 때 공기 중의 수증기가 지면이나 주변 물체에 붙어 응결된 얼음 결정이다. 가을이 되면서 밤 기온이 떨어져 영하로 내려가면 처음에는 물방울이 맺혀 이슬이 된다. 하지만 점차 온도가 더 내려가면 이슬이 얼어서 서리가 된다. 가을 절기에는 백로(9월 8일경), 한로(10월 8일경), 상강(10월 23일경)이 이 과정을 잘 보여주고 있다. 백로는 '흰 이슬'이라는 뜻이니 이때부터 밤 기온이 낮아져 이슬이 맺힌다는 것을 알 수 있다. 또한 한로는 '찬이슬'이라는 뜻이니 온도가 더 내려가 서리가 되기 직전의 찬이슬이다. 드디어 상강은 '서리가 내림'이니 10월 하순이 돼 기온이 영하로 많이 내려갔음을 알 수 있다.

지역의 고저에 따라 약간 차이가 있지만 우리나라 단풍은 대체로 9월 하순부터 11월 상순까지 북쪽에서부터 남쪽으로 물들어가는데, 첫서리는 평지의 경우 중부 지방에서 10월 하순, 남해안 지방은 11월 10일경에 내린다. 서리가 내리는 시기와 단풍이 드는 시기가 거의 겹쳐 있어서 그런 오해가 생긴 것으로 보이지만, 사실상 붉은 단풍들은 서리가 오기 전에 든다.

단풍이 들기 전에 서리를 맞으면 잎사귀가 얼어버려 단풍이 제대로 들지 않고 잎이 죽어버린다. 단풍은 갑자기 색이 변하는 것이 아니라 햇볕을 잘 받는 쪽부터 노랗게 됐다가 다시 붉은색이 첨가돼 오렌지색으로 변한 다음, 끝내는 완전히 붉어지는 과정을 밟는다.

이렇게 서서히 변하는 과정을 잘 밟아야 곱고 예쁜 단풍이 되는데, 중간에 서리가 내리면 잎이 다 죽고 색은 누렇게 떠버린다. 2월의 꽃보다 붉을 정도로 진하고 고운 단풍은 '서리 맞은 단풍'(霜葉)이 아닌 것이다. 다만 서리가 내린 아침의 쌀쌀함 때문에 문득 완연한 가을 기운을 느끼면서 바라본 먼 산이 이미 붉어져 있음을 깨달았던 것뿐이다.

"한을 품으면 오뉴월에도 서리가 내린다"는 옛말이 있다. 하지만 성장(盛裝)의 시절을 정리하는 나뭇잎에 서리가 내리면 고운 단풍이 들지 않는 것처럼, 사람들의 마음에도 서리 같은 원망이 남아 있다면 그 빛은 곱지 못할 것이다. 푸른 하늘과 저녁 노을, 색색의 단풍들이 설렘과 추억으로 물드는 가을. 다만 용서와 사랑으로 서서히 물들어, 꽃보다 붉은 시인의 마음을 가질 수 있었으면 좋겠다.

삼복 더위와 누렁이의 수난

여름철 한창 더위를 '삼복(三伏) 더위'라고 한다. 삼복은 초복·중복·말복을 일컫는데 이는 24절기에는 들지 않지만 여름 절기인 하지를 기준으로 하므로 더위와 밀접하다. 복날은 하지가 지난 후 갑을병정무기경신임계의 10간(干) 중 경(庚)자가 들어간 특정 날로 정해진다. 하지 후 세번째 경일(庚日)이 초복이고, 네번째 경일이 중복, 입추 후 첫번째 경일이 말복이다. 보통 초복에서 중복, 말복의 간격은 10일로 삼복은 30일 간이지만, 경우에 따라 40일 간이 되기도 한다. 중복과 말복 사이에 들어 있는 입추의 날짜에 따라 중복과 말복이 20일 간격이 될 때도 있다.

이열치열로 더위 쫓기

하지가 6월 22일경이니까 삼복 더위는 양력으로 7월 하순에서 8월 하순까지 약 30~40일에 해당되는 기간의 더위이다. 직장의 휴

가철이요, 학교의 방학 기간이니 그야말로 한창 더운 때다. 태양의 고도로만 따지면 하지 때 가장 강한 태양빛이 내리쬔다. 하지만 지구가 데워지는 데 시간이 걸리고 대기가 움직이는 시간이 있기 때문에 우리나라에서 가장 더운 때는 삼복 때가 되는 것이다.

복(伏)자가 사람인(人)과 개견(犬)의 합자이듯이 예로부터 삼복에는 개고기를 넣은 보신탕을 먹어왔다. 몸을 보신하는 탕은 모두 보신탕이지만 우리에게는 대부분 개고기탕으로 통한다. 『본초강목』에는 개고기는 오장을 편안하게 하고, 혈액 순환을 도우며, 위를 보하고, 양기를 일으킨다고 했다. 또한 현대적인 연구에 따르면, 개고기는 사람의 근육과 가장 가까운 아미노산의 조성을 가지고 있다고 한다. 때문에 소화와 흡수가 잘된다. 개고기에는 특히 성인병의 원인으로 지목되는 포화 지방산이 적고 불포화 지방산이 많이 함유돼 있다. 병후 회복을 위해서나 영양 보충을 위해 보신탕이 선호되는 몇 가지 이유다.

경희대 국문과 서정범 교수는 삼복 더위에 보신탕을 비롯한 각종의 보양식을 많이 찾는 이유를 한국인의 체질에서 찾는다. 흔히 체질을 남방계 체질과 북방계 체질로 나누는데, 북방계는 속이 차고 겉이 뜨거운 반면, 남방계는 겉이 차고 속이 뜨겁다. 북방계는 겉이 뜨거워 추운 날씨에는 잘 적응을 잘하지만, 더운 날씨에는 매우 어려움을 겪는다. 반대로 남방계는 늘 더운 날씨에 적응돼 있으므로 추위를 견디기가 힘들다. 우리나라와 같은 기후에서는 북방계 체질이 많은데, 이들은 여름이 가장 힘들어 여름철에 보양식을 찾는 문화가 생겼다는 것이다. 또한 한의학에서는 개고기를 화(火)에 속하는 음식으로 보는데, 여름에 개고기를 먹는 것은 이열치열을 겨냥한 것이기도 하다.

복을 주는 누렁이

우리나라에서 더운 복날 개가 언급되는 것과 흡사하게 서양에는 더위와 관련해 개의 날dog days이 있었다. 고대 이집트에서는 별자리의 운행을 살펴 더위와 홍수를 예견했다. 이때 기준이 되는 별은 큰개자리의 시리우스 별이었다. 시리우스는 겨울에 잘 보이는 별로 여름에는 새벽 무렵에 동쪽에서 잠깐 모습을 보였다가 날이 밝아 사라진다. 이집트인들은 시리우스가 새벽에 보이면 여름이 됐다는 것과 곧 홍수가 나서 나일 강이 범람할 것을 예견했다. 이 때문에 시리우스가 새벽에 처음으로 보이는 날을 '개의 날'이라 하고 이때부터 더위와 홍수에 대비했다.

예로부터 똥개에도 등급이 있었다. 최상은 황구(누렁이)요, 다음은 흑구(검둥이), 그 다음이 화구(바둑이, 얼룩이), 마지막이 백구(흰둥이) 순이었다. 황구는 보신용으로, 흑구는 약용으로 많이 썼다. 그런데 어린이들이 좋아하는 바둑이와 백구는 식용으로나 약용으로 쓸 데가 없어 찾는 이가 없었다고 한다.

그렇다면 황구는 정말로 식용으로 선호할 만한 개일까. 서울대 수의학과 윤화영 교수는 같은 품종이라도 털의 색깔에 따라 육질이

복날(?)

나 영양에 차이가 있다는 주장은 인정하기 힘들다고 말한다. 다만 혈연 관계가 복잡한 똥개(잡종)의 경우 부모의 종에 따라 약간 차이가 날 수는 있다. 조선 후기 실학자인 이규경은 개를 고르는 방법을 설명하면서 같은 누렁이라도 등 빛이 흰 것은 불길하고 사람에게 해를 끼친다며 기르지 말라고 했다. 대신 앞다리나 가슴 털이 흰 것을 기르면 좋은 일이 생기고, 호랑이 무늬가 있으면 더욱 좋다고 했다. 특히 점술 책에는 흰둥이가 호랑이 무늬가 있으면 만석을 주고라도 사라고 했다. 이런 개는 하늘의 남두육성(서양의 궁수자리에 해당)의 가호가 있어 복과 수명을 늘린다는 것이다. 이처럼 개털의 색깔에 따라 선호가 달라진 것을 보면, 황구를 가장 높이 친 것도 고기맛 때문이기보다는 노란색을 귀한 색으로 치는 우리 민족의 정서적인 선호 때문일 가능성이 있다. 노란색이 풍년을 상징하고 마당이나 초가의 색깔과 조화를 이루기 때문이다.

흘레붙는 개들의 비애

가끔씩 동네의 골목이나 거리에서 민망하게 흘레붙는 개들을 볼 수 있다. 쫓아버리고 얼른 떼어놓으려도 이들은 좀처럼 떨어지지 않는다. 이 때문에 개들이 음탕함의 대표가 됐고 욕설이나 비속어에는 '개' 자가 붙는 경우가 많다. 그러나 알고 보면 개들에게도 사정이 있다. 원예학자 반옥 선생은 『민들레는 미혼모 메밀꽃은 바람둥이』(다움)에서 다음과 같이 그 사정을 전한다. 소나 말은 정관 말단부에 정액을 저장해두는 정낭이 있고, 이것이 사정관에 가까이 연결돼 있다. 평소에 생산된 정액을 정낭에 보관하고 있다가 쉽게 방출할 수 있으므로 교미 시간이 짧다. 반면 개나 고양이의 생식 기관에는 정액을 저장하는 정낭이 없다. 때문에 교미를 시작하면 그 자극으로 그때서야 고환에서 만들어진 정충이 수정관을 통과하고 사정관까지 도달하는 데 시간이 오래 걸린다. 이들은 충분한 정액을 사정하기까지 떨어질 수가 없는 것이다.

개들의 교미 시간이 길다는 점 때문에 개고기가 양기를 일으키며 정력 증진에 특효가 있다는 주장이 생겨난 것 같다. 하지만 국립보건원의 분석에 따르면, 개고기는 돼지고기나 닭고기에 비해 오히려 열량이 낮아 힘을 내는 데는 적당하지 않다. 100g당 열량이 쇠고기 116kcal, 돼지고기 135kcal, 닭고기 126kcal인데 비해 개고기는 113kcal로 가장 적다. 또한 개고기에서 생식 기관에 작용하는 특별한 성분이 발견되지도 않았다.

편안히 죽을 권리

"복날 개 패듯 한다"는 말이 있다. 어째서 개를 잡을 때 두들겨패서 잔인하게 잡아야 했을까. 어떤 사람들은 개가 구타당하면서 근육이 긴장하면 당 분비가 많아져 육질이 쫄깃하고 맛이 좋아지기 때문이라고 설명한다. 그러나 고통과 스트레스로 인해 아드레날린 분비가 많아져 오히려 맛없는 고기가 될 수 있다는 반론도 만만찮다. 역사가들은 복날 개 패듯 하는 도살법이 우리 민족의 문화적인 특성 때문이라고 설명하기도 한다. 농경 민족으로 오랫동안 살아오면서 동물을 도살하는 요령이 발달하지 못했기 때문이라는 것이다. 수렵 문화에서는 동물을 한 방에 절명케 하는 법이 잘 발달해 있지만, 농경 문화에서는 그런 방법이 발달하지 못해 급소를 몰라 몽둥이로 패는 일이 벌어졌다는 것이다. 이유야 어쨌건 이제 개를 두들겨패서 도살하는 일은 없었으면 좋겠다. 사람에게 먹히는 것이 가축들의 운명이라면 좀더 편안한 마음으로 기꺼이 희생할 수 있어야 하지 않겠는가.

이집트 신화에서 개의 얼굴을 한 아누비스 신은 죽은 사람을 저승의 심판관에게 인도하는 역할을 한다. 또한 알타이 신화에서도 사람이 저승에 가면 저승 문을 지키는 개를 만난다고 한다. 저승에서 개들의 인도를 받고 싶은 영혼이라면 조금은 개들을 존중해주자.

황금빛 까마귀를 추모함

태양은 예로부터 거의 모든 신화에서 완전성의 상징이었다. 세계의 모든 신화에는 반드시 태양신이 있다. 고구려의 시조 동명성왕인 주몽의 아버지 해모수는 천신을 겸한 태양신의 모습이었다. 그는 날마다 다섯 마리의 용이 끄는 오룡거를 타고 아침에 지상으로 내려와 정사를 보살피고, 저녁에는 다시 하늘로 되돌아가는 것으로 묘사된다. 그의 거동이 하루 동안의 태양의 운행을 보여주고 있는 것이다.

해모수와 아폴론

『삼국유사』의 연오랑과 세오녀 또한 태양신의 모습이었다. 신라 아달라왕 4년에 이 부부는 동해 바닷가에 살고 있었다. 어느 날 부부는 바위에 실려가 일본의 왕과 왕비가 되었다. 그러자 신라에서는 해와 달이 빛을 잃어 온 세상이 캄캄해졌다. 해와 달의 정령인 연오랑과 세오녀가 사라졌기 때문이었다. 신라 왕의 간청으로 세오녀가 일월의 정기를 모아서 짠 비단을 받아다 제사를 올리니 해와 달이 다시 밝아졌다.

그리스 신화에서도 태양신 아폴론은 하루에 한 번씩 불마차를 이끌고 하늘을 달려가는 모습이 해모수와 완전히 닮아 있다. 고대 바빌론에서는 왕이 곧 태양이었고, 잉카 제국과 이집트의 왕은 태양의 아들로 여겨졌다. 유럽의 절대 왕정기 루이 14세 또한 자신을 태양왕이라고 칭한 것은 잘 알려진 사실이다. 기독교인들에게 태양은 숭배의 대상은 아니었지만 신의 완전함을 보여주는 상징물로는 충분했다. 태양은 하늘에 있는 그 어떤 천체보다도 완벽해 보였기 때문이다. 태양은 여호와의 창조 능력을 상징했고, 성스러운 주의 날은 태양의 날Sunday이었다.

혼돈을 밝힌 순수한 빛

서양에서는 태양은 신의 상징일 뿐만 아니라 가장 순수한 빛(백색광, 실제로는 투명한 무색이지만 이렇게 부른다) 때문에도 오랫동안 숭배돼왔다. 인간은 어떠한 경우에도 백색광을 만들 수 없었다. 나무나 연료들을 태울 때 생기는 불꽃은 붉은색이거나 주황색, 또는 노란색이다. 그런데 태양의 빛은 볼 수도 없고 만질 수도 없지만 그것이 존재하는 곳은 언제나 밝았다. 때문에 성경에는 혼돈하고 어두운 우주에 창조된 빛, 밤과 낮을 구분했던 신성한 빛을 태양

빛으로 묘사한다. "태초에 〔……〕 땅이 혼돈하고 공허하며 어둠이 깊었다. 〔……〕 하나님이 말하기를 빛이 있으라 하니 빛이 있었다. 〔……〕 하나님이 빛과 어둠을 나누사 빛을 낮이라 칭하고 어둠을 밤이라 칭하였다"(「창세기」, 1장 1절).

하지만 이토록 숭고했던 태양은 과학의 발달과 함께 신성을 잃어갔다. 1665년 뉴턴은 프리즘을 통해 태양의 백색광이 순수한 광선이 아니라 여러 가지 색의 빛이 섞여서 만들어진 것임을 보임으로써 태양의 빛이 더 이상 순수한 천상의 빛이 아니라는 것을 증명했다. 또한 뉴턴은 태양이 질량을 가진 천체이고, 태양이 미치는 중력이 행성의 궤도 운동을 이끄는 원동력이라고 밝혔다. 당시까지의 믿음은 태양이 순수한 물질인 에테르로 만들어진 질량이 없는 천체라는 것이었다. 그리고 계속해서 현대의 천문학자들은 태양은 수소와 헬륨을 주성분으로 해서 80여 종의 원소들이 조금씩 섞여 있는 그야말로 평범한 별임을 밝혀냈다. 결국 여호와가 창조한 천상의 빛, 불마차에 탄 아폴론의 모습은 질량을 가진 물질 덩어리로 변하게 된 것이다.

태양에 사는 까마귀

옛날 중국의 요임금 시절에 하늘에 태양이 10개나 나타나 산천초목이 다 타 죽을 지경이었다. 요임금은 활을 잘 쏘는 예(羿)로 하여금 하늘의 태양을 쏘아 떨어뜨리게 했다. 예가 태양을 쏘자 불덩이가 폭발하면서 땅에 떨어졌다. 떨어진 자리에는 발이 셋 달린 황금 빛 까마귀가 화살에 꽂혀 죽어 있었다.

예가 쏘아 떨어뜨린 태양에서 까마귀가 나왔다는 것이며, 또 연오 랑과 세오녀의 이름에 까마귀오(烏) 자가 들어간 것을 보면, 까마귀 가 태양과 어떤 관련이 있을까 의문이 든다. 중국의 고전인 『회남자 (淮南子)』에는 태양에 사는 까마귀가 이따금씩 땅에 내려와 불로초 를 뜯어먹는다고 하는데, 왜 태양에는 까마귀가 살게 되었을까.

태양의 흑점 때문은 아니었을까. 흑점이란 태양 표면에 나타나는 검은 반점을 말한다. 태양 표면에는 끓는 물의 표면처럼 끊임없이 물질들이 요동치고 있는데, 흑점은 주변보다 온도가 낮아 우리 눈 에 검게 보이는 곳이다. 실제 크기는 보통 1천 5백km의 작은 것부 터 지구를 여러 개 삼킬 만큼 수십만km에 이르는 것까지 다양하다. 수명이 짧은 것들은 하루이틀에 사라지고 어떤 것은 수개월 간 지 속되기도 한다. 흑점이 주변에 비해 온도가 낮은 것은, 이곳이 자기 장이 매우 강해, 내부의 열이 상층부로 전달되지 못해 주변보다 온 도가 낮아지기 때문이다.

보통 때의 태양은 눈이 부셔 흑점이 있다는 것을 쉬이 알아보지 못한다. 하지만 망원경에 빛을 일정량 차단하는 필터를 끼우고 보 면 흑점을 잘 확인할 수 있다. 옛날 중국이나 우리나라에서는 주로 해뜰녘이나 해질녘에 뿌연 대기로 인해 햇빛이 줄어들었을 때 흑점 을 관측했다. 중국 한나라 때인 기원전 28년부터 태양의 흑점을 묘 사한 기록이 사서에 나올 정도로 동양에서는 오래 전부터 태양에

까마귀

흑점이 있다는 것을 알았다. 우리나라에도 고구려 때부터 기록이 있고 고려, 조선 시대에도 많은 흑점 관측 기록이 있다. 옛사람들은 달의 얼룩을 보고 계수나무나 옥토끼를 그곳에 살게 한 것처럼 흑점을 보고 태양에 황금빛 까마귀를 키운 것이다.

흑점은 신에 대한 모독

중국이나 우리나라에서와는 달리 서양에서는 갈릴레오 이전까지 태양에 흑점이 있다는 것을 오랫동안 인정하려 하지 않았다. 예수회 신부이자 천문학자였던 크리스토프 샤이너는 태양의 흑점을 갈릴레오보다 먼저 관측했다고 알려져 있다. 그러나 가장 영광스런 천체인 태양에 흑점이 있다는 것은 신에 대한 모독이라고 생각한 그는 이것이 태양 표면의 현상이 아니라 태양을 도는 천체라고 수정했다.

1611년 갈릴레오는 태양의 "흑점은 반드시 태양 표면에 있는 것"이라고 주장했다. 그는 망원경을 사용해 동틀 무렵 태양 원반에 검은 점이 있음을 관측했다. 또한 검은 점이 표면에서 이동하는 것을 관측함으로써 흑점이 태양 표면의 일부이며 이들이 25일을 주기로 회전한다고 증명했다.

그러나 갈릴레오는 태양에서 까마귀를 보지 못했다. 더욱이 황금빛의 발이 셋 달린 아름다운 까마귀는 거기 없었다. 그리스 신화에서 태양신 아폴론의 전신이자 지혜의 상징이 까마귀였다는 것을 생각해보면 서양에서도 옛날에는 태양에 까마귀가 살고 있었던 것 같다. 그러나 과학은 태양의 둥지에서 까마귀를 쫓아냈다. 그리고 우리도 서양 과학을 배우면서 더 이상 태양에서 까마귀를 찾지 않게 되었다. 과학은 언제나 자연에서 신화를 걷어내왔지만, 황혼의 태양을 볼 때마다 황금빛 까마귀를 찾으려고 한다면 자연은 얼마나 아름다울 것인가.

모란꽃은 정말로 향기가 없을까

모란이 피기까지는

나는 아직 나의 봄을 기다리고 있을 테요

모란이 뚝뚝 떨어져버린 날

나는 비로소 봄을 여읜 설움에 잠길 테요

오월 어느 날 그 하루 무덥던 날

떨어져 누운 꽃잎마저 시들어버리고는

천지에 모란은 자취도 없어지고

뻗쳐오르던 내 보람 서운케 무너졌으니

모란이 지고 말면 그뿐 내 한 해는 다 가고 말아

삼백예순 날 하냥 섭섭해 우옵네다

모란이 피기까지는

나는 아직 기다리고 있을 테요 찬란한 슬픔의 봄을 (김영랑, 「모란이 피기까지는」)

목단(牧丹)으로도 불리는 모란은 한약재로 쓰인다. 뿌리 껍질을 목단피라 해서 민간 및 한방에서 지혈·창종·대하증·진통·각혈·이뇨·부인병·두통·복통·소염·정혈 등에 다른 약재와 같이 처방하므로 아주 유용한 약재이다. 우리 선조들은 아기를 잉태하는 데 효험이 있는 꽃이라 해서 모란꽃을 약으로 달여 먹기도 했다. 근래에는 꽃 요리에도 쓰이는데 끓는 물에 살짝 데쳐서 생선회에 곁들여 먹는다고 한다.

선덕여왕의 세 가지 일

'모란' 하면 흔히 '향기 없는 꽃'이라는 선덕여왕의 이야기가 생각난다. 초등학교 때부터 동화책 등으로 잘 알려진 이야기인데, 원래는 『삼국유사』에서 유래한다. '선덕여왕이 미리 알아낸 세 가지 일(善德王智機三事)'이라고 해서 그의 영민함을 보여주는 세 가지 이야기 중의 하나이다. 모란꽃 향기가 없다는 것을 알아낸 것, 백제 군이 쳐들어올 것을 미리 알고 여근곡이라는 골짜기에 군사를 매복시켜 이를 물리친 것, 그리고 자기가 죽을 날을 미리 안 것이 그것이다.

당 태종 이세민이 빨간색, 자주색, 흰색의 세 가지 색이 있는 모란꽃 그림과 함께 각각 그 종자를 한 되씩 보냈는데, 이를 본 선덕여왕이 꽃을 심으면 반드시 향기가 없는 꽃이 필 것이라고 말했다. 씨앗을 정원에 심어서 꽃을 피워보았더니 과연 예언과 같았다. 나

중에 신하들이 어떻게 이것을 미리 알 수 있었는지를 묻자 선덕여왕은 당 태종이 보낸 모란꽃 그림에 나비가 그려져 있지 않았으므로 향기가 없다는 것을 알았다고 하면서, 이것은 당 태종이 자기가 남편이 없음을 조롱한 것이라고 말했다.

이 이야기가 많이 알려지면서 모란꽃은 향기 없는 꽃이 돼버렸다. 그러나 기실 모란꽃은 향기가 있다. 당나라 때 시인 이정봉은 모란을 보면서 "밤이라 깊은 향기 옷에 물들고 아침이라 고운 얼굴 취기 올랐네"라고 읊었다. 일본인 거초고태(居初庫太)가 쓴 「꽃의 세시기(花の歲時記)」에도 모란은 "고유한 향기를 가지고 있다"고 했다.

그림을 모른 선덕여왕

그런데 왜 선덕여왕은 이런 오해를 했을까. 미술해부학자 조용진 교수(서울교대)가 쓴 『동양화 읽는 법』에 따르면, 선덕여왕이 그림을 보는 법을 잘 몰랐기 때문이다. 예로부터 그림에는 의미를 담는 법식이 있었다. 잉어를 그리는 것은 잉어가 용으로 승천한다는 등용문 고사와 관련지어 과거에 급제하라는 의미였다. 또한 석류는 작은 씨가 많기 때문에 자손들이 많이 번창하기를 바라는 다산의 의미를 지닌다. 학이나 거북 등 십장생 그림은 장수를 바라는 의미이다. 마찬가지로 모란 그림은 부귀영화를 의미한다. 그리고 모란 그림에는 나비를 그리지 않는 것이 법식이었다.

옛날부터 모란은 꽃 중의 왕이라고 일컬어진다. 설총의「화왕계」
에서 화왕이 바로 모란이다. 아첨하는 장미와 충언하는 할미꽃 사
이에서 갈등하던 모란이 결국에는 할미꽃의 충언을 받아들인다는
내용으로 당시의 왕이었던 신문왕을 깨우친 것이다. 모란이 부귀를
상징하게 된 것은 특히 중국 당나라 시대부터 궁중이나 높은 벼슬
을 하던 사람들만 이를 심고 감상할 수 있었기 때문이다. 당 태종의
아들인 고종이 다스리던 시기에는 모란 가꾸기가 가장 성행해 변종
만 3백여 종을 헤아렸다고 한다.

모란이 이처럼 부귀의 상징이 된 당나라 때부터 모란 그림에 나
비를 곁들여 그리지 않는 법식이 있었다고 한다. 일설에는 모란에
는 꿀벌 이외의 곤충은 가까이 하지 못한다고 해서 황제의 꽃이라
불렀고, 그 때문에 그림에도 나비를 그리지 않았다고 한다. 귀한 신
분에 잡스러운 것이 끼이면 안 된다는 것이다. 또한 나비는 80세
〔耋〕를 뜻하고 모란은 부귀를 뜻하므로, 모란에 나비를 그려넣으면
'80세까지 부귀를 누리세요'의 뜻이 된다. 그러나 '80세까지 부귀
를 누리세요'는 장수의 의미가 80세로 한정돼버린다. 때문에 모란
을 그리면서 장수도 함께 빌고 싶으면 꼭 나비와 고양이를 함께 그
렸다. 모란꽃은 부귀, 고양이는 70세, 나비는 80세를 뜻하므로 '부
귀를 누리며 오래오래 사세요' 하고 부귀와 장수를 거듭 바라는 의
미가 된다. 때문에 부귀를 의미하는 모란꽃에는 원래부터 나비를
그리지 않았던 것이다.

하지만 선덕여왕에게도 모란에 향기가 없다고 여길 만한 이유가

있었다. 그녀는 모란에 벌나비를 그려놓지 않은 것을 남자에게 인기가 없는 자신을 조롱하는 것으로 보았던 것이다. 역사학자 이덕일씨가 지은 『우리 역사의 수수께끼』(김영사)에 따르면, 당시 당나라 태종은 신라의 정계를 움직여 선덕여왕을 축출하려는 공작을 했을 정도로 선덕여왕을 실제로 무시하고 있었다. 또한 그녀는 남성 지배 사회에서 여성으로 왕 노릇을 한다는 데에 큰 콤플렉스를 지니고 있었다. 말년에는 급기야 상대등 비담 등이 "여자 임금은 나라를 잘 다스릴 수 없다"면서 반란을 일으키기도 했다. 이런 상황에서 벌과 나비가 없는 모란꽃 그림이 그림의 법식대로 해석될 리 있었겠는가.

양귀비와 모란꽃

선덕여왕의 심정과는 달리 모란꽃은 실제 미녀의 상징이기도 했다. 절세의 미녀 양귀비와도 인연이 있기 때문이다. 요시카와 고지로의 『당시(唐詩) 읽기』(창작과비평사)를 보니 당 현종은 궁전 안에 심은 모란꽃이 만발하자, 양귀비를 데리고 침향정으로 나가 잔치를 벌였다고 한다. 현종은 미인과 모란이 있는 자리에 천하의 시인 이백을 불러들여 노래를 짓도록 했다. 이것이 그 유명한 청평조(淸平調)인데, 3개의 시가 연작으로 되어 있다. 이백은 이 시에서 양귀비의 아름다움을 모란에 비유하고 있다.

꽃과 나비

名花傾國兩相歡 이름난 꽃(모란)과 경국의 미인이 둘 다 서로 기뻐하고
常得君王帶笑看 임금은 언제나 웃음 띠며 바라보네
解釋春風無限恨 끝없는 한일랑은 봄바람에 다 풀어버리고
沈香亭北倚欄干 침향정 북쪽 난간에 기대어 서 있네

이처럼 같은 모란을 보고서도 어떤 이는 자신의 처지를 조롱하는 것으로 읽고 어떤 이는 절세의 미인을 생각하니 사람의 마음은 알기 어렵다.

벌나비에게 예쁜 꽃은?

그렇다면 곤충들의 눈에는 모란이 어떻게 보일까. 꽃은 기본적으로 꽃가루를 옮겨줄 곤충을 색깔·향기·모양으로 유인한다. 그래서 대부분의 꽃들은 향기가 있고 모란도 예외가 아니다. 하지만 곤충을 유인하는 가장 큰 무기는 꽃의 색깔이다. 여기서 재미있는 사실은 곤충들에게는 그 화려함의 정도가 우리 눈과 달리 보인다는 점이다. 우리 눈에는 안 그렇지만 곤충들의 눈에는 매우 화려한 꽃들도 있다. 곤충들 중에는 적외선이나 자외선을 감지하는 것들이 있어 우리가 보지 못하는 색깔도 보기 때문이다.

반옥 선생의 『민들레는 미혼모 메밀꽃은 바람둥이』(다움)에 따르면, 산과 들에 자생하는 꽃을 보면 백색과 황색이 제일 많다고 한

다. 백색과 황색은 벌나비가 가장 좋아하는 색이기 때문이다. 붉은
색이 가장 화려해서 눈에 띨 것 같지만 공교롭게도 벌이나 나비는
붉은색을 보지 못한다. 이들이 식별하는 색조를 보면 파장이 긴 순
으로 황색·녹색·청색·자색·자외선이다. 백색 또한 벌나비가
실제로 보지 못한다고 할 수 있다. 백색은 볼 수 있는 광선이 모두
반사된 것이므로 벌과 나비는 이 파장 속에 들어 있는 자외선을 인
식하는 것이다. 야생화들 중 황색과 백색의 꽃이 50%가 넘는다고
하는데, 이는 꽃가루를 옮겨주는 곤충이 대부분 황색과 자외선을
좋아하는 것과 관계가 있다.

　내 눈에는 아름답게 보이는 것도 다른 사람의 눈에는 그렇지 않
을 때가 많다. 세상은 항상 나를 중심으로 돌아가야 한다지만 한번
쯤 상대의 눈으로 사물을 바라보는 지혜가 필요한 것이 아닐까.

나비는 장자의 꿈을 꾸지 못한다

『장자』의 「제물론(齊物論)」에 다음과 같은 구절이 나온다.

지난날에 장주(장자)가 꿈에 나비가 되었는데 기분좋은 나비였을 뿐이다. 나의 뜻에 알맞다고 스스로 기뻐하고 자적하면서, 장주임을 몰랐었는데, 잠깐 사이에 꿈에서 깨어났더니 잠자리에 엎드려 누워 있는 장주였다. 장주가 꿈에 나비가 되었는지, 나비가 꿈에 장주가 되었는지를 모르겠다.

성인의 경지는 사물과 내가 일치되어 꿈과 꿈에서 깨어남이 나뉘지 않는다는 점을 말한 것이다. 그러나 과학적인 견지에서 보면 장주는 꿈에 나비가 될 수는 있지만, 나비는 꿈에서 장주가 될 수 없다. 나비는 꿈을 꾸지 않기 때문이다.

체온 조절 못 하는 곤충

전남대 심리학과 김문수 교수에 따르면, 잠은 일반적으로 움직임이 없으며, 감각 자극에 대한 민감성이 떨어지고, 체온이 유지되며, 특히 특정한 모양의 뇌파가 나타나는 것을 기준으로 정의된다. 그러나 어류나 양서류, 곤충류는 움직임이 있는 활동기와 움직임이 없는 휴식기를 번갈아 나타낼 뿐 그 외의 수면 기준을 충족시키지 못하므로 잠을 잔다고 할 수 없다. 특히 곤충들은 자신의 체온을 통제하지 못하기 때문에 온도가 내려가는 밤에는 포유류처럼 체온을 유지하지 못하고 주변 공기와 같은 온도로 체온이 떨어져 불활동 상태dormancy가 된다. 그러다가 아침에 해가 나타나 온도가 올라가면 다시 정상적으로 활동한다.

엄격한 의미의 수면이 나타나는 것은 파충류 이상의 고등한 동물에서부터이다. 카멜레온·도마뱀·거북·악어 등은 모두 잠을 잔다. 새들도 잠을 잔다. 그러나 이들은 꿈을 꾼다고 할 수 없다. 사람의 경우 꿈은 주로 렘 수면 동안에 나타나는데 파충류나 조류는 렘 수면을 거의 하지 않기 때문이다. 잠을 자고 있는 동안에도 뇌 활동이 활발해 안구가 빨리 움직이면 렘 수면이라고 하고 그렇지 않으면 비렘 수면이라 하는데, 꿈은 주로 렘 수면 상태에서 나타난다. 이렇게 보면 나비는 잠을 잔다고도 할 수 없으며, 꿈을 꾼다는 것은 더욱 불가능한 일이다. 장자는 나비꿈을 꿀 수 있지만 나비는 결코 장자의 꿈을 꿀 수 없는 것이다.

한편 개나 고양이 등 고등한 포유류는 꿈을 꾼다고 한다. 보통 렘 수면 상태에서는 뇌의 활동이 활발하면서도 신체의 근육은 거의 완전히 이완돼 있다. 꿈속에서 가위에 눌리면서도 신체가 말을 듣지 않는 것은 근육이 움직이지 않기 때문이다. 그런데 렘 수면 동안 신체를 이완시키는 신경 회로가 말을 듣지 않는 사람들은 꿈속에서 격렬한 행동을 실제로 실행에 옮겨 크게 다치기도 한다. 마찬가지로 고양이의 신경 회로를 손상시키면, 잠자던 고양이가 일어나서 보이지도 않는 적을 공격하고, 펄쩍펄쩍 뛰어오르는 행동을 보이기도 한다. 고양이가 꿈속에서의 행동을 실행에 옮기는 것으로 해석된다.

코로 빠져나간 생쥐

꿈은 왜 생기는 것일까. 옛날 우리 조상들은 사람이 잠든 사이에 코로 빠져나간 생쥐가 사방을 돌아다니면서 겪는 일이 꿈이라고 생각했다. 생쥐는 다름아닌 사람의 영혼인데, 그래서 잠자는 사람을 갑자기 깨우면 영혼이 돌아오지 못해서 죽게 된다고 보았다. 비유적인 설명이기는 하지만 곤히 자는 사람을 함부로 깨워 불편하게 하지 말라는 경계의 뜻을 읽을 수 있다.

유교 경전인 『주례(周禮)』에는 사람이 생각을 반복해서 하다 보면 그 사물의 기(氣)가 사람의 정신에 감촉해서 꿈에 실체의 모습을 보게 된다고 했다. 꿈이 원함이나 소망의 반영이라는 정신분석학적 설명과 맥을 같이하고 있다. 프로이트는 꿈을 무의식중의 원함이나 소망이 표현된 것이라고 보았다. 때문에 정신분석학에서는 꿈을 꾸면서 가지게 된 자신의 기분이나 연상을 중요시해서 꿈의 의미를 해석한다.

하지만 우리는 옛날부터 꿈이 무언가 미래에 대한 예지를 나타낸다고 믿는 경우가 많다. 백년 묵은 산삼을 캤다는 사람들은 하나같이 좋은 꿈을 꾸었다고 이야기하며, 복권에 당첨됐다는 사람들도 많은 경우 돼지꿈을 꾸고 행운을 예감했다고 말한다. 사실 이러한 믿음은 우리 민족에게는 매우 뿌리깊은 것이다.『삼국유사』에 나오는 이야기이다.

옛날 신라 김유신의 큰누이동생 보희가 꿈에 서산에 올라 소변을 보니 경주가 모두 소변으로 덮였다. 아침에 동생인 문희에게 이 꿈을 이야기하자, 문희가 그 꿈을 사겠다고 했다. 문희는 자신의 비단 치마를 값으로 주면서 보희의 꿈을 속치마를 벌려 받았다. 이 꿈을 사고 난 후 문희는 김춘추와 결혼했고 그가 태종 무열왕이 되자 왕비가 되었다.

이 이야기에는 늘 보희의 꿈은 바로 왕비가 될 것을 예지해주는 것이었는데, 그녀가 이것을 알지 못하고 팔아버렸다는 설명이 붙는다. 꿈은 어떤 일의 징조가 되며, 더욱이 꿈이 가진 운명의 힘은 서로 팔고 살 수도 있다는 생각에서이다. 그래서 많은 사람들이 아직도 날개가 생기는 꿈, 똥이나 오줌을 뒤집어쓰는 꿈, 하늘을 나는 꿈 등을 꾸면 다음날에는 무언가 좋은 일이 있을 것을 기대하고, 이

빨이 빠지는 꿈, 대들보가 무너지는 꿈을 꾸면 나쁜 일이 생길 것을 걱정한다. 심지어 무망한 횡재를 바라며 "돼지꿈 한번 꿨으면 좋겠다"고 말한다.

꿈보다 해몽

그러나 꿈이 정말로 앞일을 예지해주는 것인지 과학적으로 분석한 연구는 거의 없다. 또한 꿈이 나타내는 상징들에는 문화적인 합의가 개입되어 있어 같은 내용을 두고도 민족마다 의미가 다르다. 우리나라에서는 돼지꿈을 좋은 징조로 치고, 개꿈을 재수 없는 꿈으로 치지만, 힌두교인들에게는 돼지꿈이 가장 기분 나쁜 꿈이다. 돼지는 새끼를 많이 낳아 집안 살림을 늘려주므로 우리 민족에게는 부와 재물을 만들어주는 좋은 가축이지만, 힌두교인들에게는 가장 더러운 동물이기 때문이다. 우리나라에서는 대체로 물 · 불 · 돼지 · 조상 · 관 등이 길몽의 상징이 되고 있지만, 다른 문화권에서는 이들이 전혀 의미가 달라진다. 결국 "꿈보다 해몽"이라는 한마디가 꿈풀이의 근거 없음을 경험적으로 대변하는 것이다.

한의학에서는 꿈을 신체의 병을 알려주는 지표로 해석하기도 한다. 악몽을 자주 꾸는 사람은 심장이 허해서 그렇다고 파악한다. 또한 음양오행설에 따라 꿈에 파란 색깔이 많이 보이면 간에 이상이 있고, 흰색이 많이 보이면 폐에 이상이 있다고 진단한다. 오행설에서 파란색은 방향으로는 동쪽과 신체 기관으로는 간, 흰색은 서쪽

개 꿈

과 신체 기관으로는 폐에 연관돼 있다.

신경생리학자들에 따르면, 꿈은 대뇌와 척수의 중간 부근인 뇌간 부분에서 만들어진다고 한다. 이곳에는 꿈을 만드는 렘온 세포와 꿈을 꾸지 않고 잠자게 하는 렘오프 세포가 있다. 이들은 서로 번갈아 사람의 잠을 조절한다. 렘온 세포가 작동해 꿈을 꾸면 렘오프 세포는 작동하지 않는다. 그런데 렘온 세포가 작동할 때는 보통 감각으로 접수된 신호를 대뇌 피질로 전달해주는 역할을 하는 시상이 자극된다. 시상의 자극은 기억·언어·시각·청각·의사 결정 등 고도의 정신 활동을 담당하는 대뇌 피질로 전달돼 일정한 상을 합성해낸다. 그리고 이것이 꿈으로 나타난다. 결국 꿈은 실질적인 정보나 자극 없이 뇌 속의 기관들이 어떤 작용에 의해 가공의 정보를 전달하고 합성하면서 만들어지는 것이다.

임을 만나는 꿈

예로부터 도가(道家)에서는 꿈이 없는 상태가 건강하고 좋은 상태라고 보았다. 그래서 수도를 해서 신선의 경지에 이른 사람들은 꿈을 꾸지 않는다고 한다. 그러나 인간이 꿈을 꾼다는 것은 얼마나 큰 축복인가. 꿈이 과연 신체의 병으로부터 비롯된 것인지, 미래에 대한 예지인지, 아니면 무의식적인 원망의 반영인지 알 수 없지만, 꿈이라는 것만큼은 그 알 수 없음으로 인해 더욱 아름다울 수 있는 것 아닐까.

꿈길밖에 길이 없어 꿈길로 가니

그 임은 나를 찾아 길 떠나셨네

그 뒤엘랑 밤마다 어긋나는 꿈

같이 떠나 도중에서 만나를 지고

조선 시대 황진이의 시이다. 인간이 다른 동물과 구별되는 것들이 이성이니 언어니 하지만, 이렇게 아름다운 꿈은 인간만이 꿀 수 있는 것이니 인간을 인간이게 하는 특징으로 꿈을 들어야 하지 않을까. 용꿈도 좋고 돼지꿈도 좋다. 비단 치마 한 폭으로 부귀를 얻는 황후의 꿈도 좋다. 하지만 꿈길에서 사랑을 만나는 것보다 아름다운 꿈이 있을까.

초상화는 왜 왼쪽 얼굴이 많을까

천원, 5천원, 만원짜리 지폐를 보자. 거기에 그려진 퇴계 이황, 율곡 이이, 세종대왕은 어떤 모습인가. 왼쪽 뺨과 왼쪽 어깨를 더 많이 드러낸 왼쪽 측면상이다. 현충사에 모셔진 충무공 이순신, 광한루에 있는 춘향, 송광사 국사당의 보조국사 지눌, 여주 신륵사의 나옹선사 등 사당이나 사찰에 모셔진 영정도 거의 대부분 왼쪽 측면상이다. 『한국 명인 초상 대관』(이강칠 편, 탐구당, 1972)에 수록된 196개의 우리나라 명인 초상화 중에서 단지 6개만이 오른쪽 측면상이다. 정면상 16개를 제외하면 나머지 174개는 모두 왼쪽 측면상이다. 측면상만 따지면 거의 97%가 왼쪽 측면상이요, 겨우 3%만이 오른쪽 측면상이다.

감정은 왼쪽 얼굴에

이러한 현상은 우리나라에만 국한된 것일까. 호주 멜버른 대학의 심리학자 마이클 니콜스는 천 5백 점의 초상화와 수십 장의 얼굴 사진을 비교한 결과 여성의 68%, 남성의 56%가 왼쪽 얼굴을 보이고 있다는 사실을 발견했다. 『한국 명인 초상 대관』의 97%와는 차이가 있지만, 왼쪽 얼굴이 더 많은 것은 분명하다. 연구팀이 밝힌 이유는 "감정이나 인상이 왼쪽 얼굴에 더 잘 나타나기 때문"이다.

인간의 감정 표현은 우뇌가 관장한다. 그리고 우뇌는 신체의 좌측을 관장한다. 때문에 왼쪽 얼굴의 근육은 우뇌의 지배를 받아 감정의 변화가 왼쪽 얼굴에 잘 나타난다. 화가나 사진사가 "활짝 웃어요" 하면 무의식적으로 왼쪽 얼굴을 상대에게 보이게 되고, 이것이 화가나 사진사에게 포착된다는 것이다. 서울교대 미술교육과 조용진 교수에 따르면, 간지럼 반응을 살펴 왼쪽 얼굴이 우뇌의 지배를 받는다는 사실을 더 잘 확인할 수 있다고 한다. 피실험자의 목 뒷덜미를 손가락으로 가만히 긁어주면 간지러워 웃음이 나오는데, 이때 먼저 움직이는 것은 십중팔구 왼쪽 얼굴 근육이라는 것이다.

뇌의 작용도 한몫

표정이 왼쪽 얼굴에 잘 나타나고 모델이 자연스럽게 왼쪽 얼굴을 화가에게 보인다는 것은 모델의 입장에서 내놓은 설명이다. 그런데 화가의 입장에서도 왼쪽 중심의 얼굴을 선호하게 되는 이유가 있다. 조용진 교수에 따르면, 그림을 그리는 뇌는 주로 우뇌라고 한다.

모델이 왼쪽 얼굴을 화가에게 보이면 모델의 눈·코·입은 망막의 오른쪽에 상이 맺히고 뒷덜미와 왼쪽 귀는 망막의 왼쪽에 상이 맺힌다. 뇌는 눈에 보이는 모습을 전체로 인식하는 것이 아니라 좌우를 각각 따로 인식해서 뇌 속에서 종합한다. 때문에 망막의 오른쪽에 맺힌 상은 오른쪽 뇌로 들어가고 왼쪽에 맺힌 상은 왼쪽 뇌로 들어가서 이들이 합쳐져 종합된 상을 형성한다.

그림을 그리는 것은 오른쪽 뇌가 주도하는데, 이 때문에 오른쪽 뇌로 들어온 시야의 왼쪽 상, 즉 눈·코·입 등이 잘 그려지는 것이다. 뇌의 작용 원리상 사람의 특징을 가장 잘 나타내는 이목구비가 중심 축보다 왼쪽에 놓여야 화가가 가장 잘 그릴 수 있다는 것이다. 그 결과 다름아닌 왼쪽 얼굴 중심의 측면상이 된다.

서양보다 오른손 선호

이와 같은 이유에도 불구하고 『한국 명인 초상 대관』에서 왼쪽 얼굴 중심의 측면상이 97%라는 수치는 너무 과한 것 같다. 지난 1999년 국립현대미술관의 '올해의 작가'에 선정된 인물화가 김호석씨는 자신이 직접 답사한 우리나라 각지의 사당에 모셔진 초상화의 80% 이상이 왼쪽 뺨을 중심으로 그려졌다는 것을 확인했다고 한다. 80%든 97%든 한국의 초상화에서 왼쪽 측면상의 비율은 멜버른 대학 연구팀이 제시한 것과 상당히 차이가 난다.

바로 여기에 문화적인 차이와 화가의 선호가 개입한다. 우리나라 초상화의 대부분은 오른손잡이 화가가 그림을 그렸기 때문이다. 우

초상화는 왜 왼쪽 얼굴이 많을까

리 문화에서 오른쪽은 바른쪽과 통한다. 오른쪽은 옳고 왼쪽은 그른 것처럼 오른쪽에 대한 선호가 대단히 강하다. 물론 서양에서도 왼쪽을 뜻하는 sinister는 불길함과 사악함을 내포하고 있다. 하지만 어렸을 때 왼손으로 숟가락질을 하면 "복 달아난다"고 핀잔하며 기어코 오른쪽을 쓰게 만드는 우리나라에 비해 서양에서는 그다지 심하게 오른쪽을 강요하지 않는다. 왼손 글씨로 기록을 남긴 레오나르도 다 빈치나 르네상스 시대의 대화가 미켈란젤로, 그리고 현대의 피카소는 왼손잡이로 유명하다. 미국의 클린턴 대통령이 왼손으로 서명하는 장면을 TV에서 쉽게 접할 정도로 서양은 왼손 사용에 상당히 너그러운 편이다.

오른손잡이 화가에 왼쪽 측면상

오른손잡이는 오른손에 연필과 붓을 잡고 모델의 왼쪽 얼굴을 중심으로 그림을 그리기가 십상이다. 콧날을 그리고 눈을 그리면서 캔버스의 왼쪽에서 오른쪽으로 그려나간다. 당연히 완성된 그림은 왼쪽 측면상이 된다. 극사실주의 기법으로 사진을 찍다시피 정확하고 자세하게 인물을 표현하기로 유명한 이상원 화백(「동해인」 연작이 유명)도 "왼쪽 얼굴을 중심으로 하는 측면상을 많이 그리게 된다"고 말한다. 정면 얼굴보다는 측면 얼굴이 굴곡과 명암이 있어서 그리기가 쉽고, 오른손잡이 화가에게는 측면상 중에서도 왼쪽 얼굴을 중심으로 그리는 것이 쉬워 자연스럽게 왼쪽 측면상이 많아진다는 것이다.

미술평론가 이주헌씨의 지적은 좀더 구체적이다. 화가가 사람의 얼굴을 그릴 때는 보통 눈·코·입의 윤곽이 중요하므로 이를 먼저 그리게 된다. 왼쪽 얼굴을 중심으로 측면상을 그리면 왼쪽에 이목구비가 몰려 있어 이들을 그리고 난 후 자연스럽게 오른쪽으로 이동해가면서 왼쪽 뺨·귀·머리, 오른쪽 윤곽 순으로 그려나간다. 이렇게 하면 손의 움직임도 편할 뿐 아니라 그리는 도중 목탄이나 물감이 손에 묻을 확률도 줄어든다는 것이다.

동양인은 약 8%, 서양인은 약 11%가 왼손잡이로 조사되고 있다. 이것도 서양의 초상화가 우리나라의 초상화보다 왼쪽 측면상에 덜 편향된 이유를 어느 정도 설명해준다.

동서양의 예술관 차이

이주헌씨는 동서양에서 왼쪽 측면상의 비율이 차이나는 것은 화풍이나 화법의 차이에서 기인한다고 설명한다. 동서양의 초상화는 사람의 얼굴을 실제와 똑같이 그린다는 공통된 목표를 가지고 있었다. 그런데 서양의 목표가 실제와 똑같은 육체를 화면에 표현하는 것이었다면, 동양의 목표는 모델의 정신과 인격까지 표현하려는 조금은 형이상학적인 것이었다. 당연히 서양에서는 이를 실현하기 위해 해부학이나 원근법·명암법·단축법 등 과학적인 원리를 총동원해서 초상화를 그렸다. 그런 점에서 서양의 초상화는 우리나라의 초상화보다 실제의 모델을 더 사실적으로 표현했다고 할 수 있다.

그러나 우리나라의 초상화는 대상 자체의 일차적인 사실성도 중요했지만, 전신(傳神), 즉 그 사람의 인품과 정신을 그대로 그려내는 것이 더욱 중요했다. 그러므로 해부학을 연구해서 얼굴 근육의 정확한 위치와 움직임을 정밀하게 관찰하고 묘사하려는 서양의 추구와는 달리, 얼굴은 평면적이고 자세는 딱딱하지만 그림 전체에서 풍기는 인물의 기품을 숭상했다. 때문에 관습적으로 굳어진 왼쪽 측면상 형식을 바꿔야 할 이유가 별로 없었다.

그러나 서양의 초상화는 늘 새로운 지식과 기법을 도입하고 시험해 훨씬 다양한 자세와 표정이 나올 수 있었다. 화가들은 당연히 의도적으로 오른쪽 얼굴을 그리려고 시도했다. 서양이 우리의 초상화에 비해 좌측 편향을 덜 보이는 것도 이 때문이다.

승천하는 용은 토네이도

옛날 석가모니가 세상을 떠날 때 모든 동물들을 불렀는데, 오로지 열두 동물만이 하직 인사를 하기 위해 모였다. 석가는 동물들이 도착한 순서에 따라서 각 해마다 이름을 붙여주었다. 쥐가 가장 먼저 도착했고, 뒤이어 소·호랑이·토끼·용·뱀·말·양·원숭이·닭·개·돼지 순이었다. 불교 설화로 전해오는 열두 띠가 생기게 된 유래다. 그런데 이 열두 가지 동물 중에서 유독 용만 현실의 동물이 아니다. 과연 그럴까.

잉어 비늘에 매의 발톱

용을 묘사한 기록은 여러 가지지만 중국 문헌상에 가장 정형화된 기록은 이른바 구사설(九似說)로 아홉 가지의 동물을 일부분씩 닮은 모습이다. 낙타의 머리, 사슴의 뿔, 토끼의 눈, 소의 귀, 뱀의 목, 이무기 배, 잉어 비늘, 매의 발톱, 호랑이 발바닥으로 이루어져 있다. 어떤 문헌에는 몸에 81개의 비늘이 있고, 울음 소리는 구리 쟁반을 울리는 소리와 같으며, 입 주위에는 수염이 있고, 턱밑에 여의주가 있고, 목 아래에는 거꾸로 박힌 비늘(역린[逆鱗])이 있으며, 머리 위에는 박산(博山, 전설상의 산)이 있다고 했다. 특히 역린은 용의 급소로서 이곳을 건드리면 용이 포악해져 엄청난 재앙을 일으키는 것으로 알려져 있다.

용에 대한 상상은 용 자체에 그치지 않고 용이 낳은 새끼들까지 만들어냈다. 예로부터 구룡자(九龍子)라고 하는 용이 낳은 아홉 마리의 새끼가 알려져 있다. 이들은 무섭고 위압적인 어미 용과 달리 서민들의 생활과 친숙하고 귀여운 모습들이다. 모두들 나름대로 좋아하거나 잘하는 것이 있는데, 생활 주변에서 이들의 모습을 발견할 수 있다. 가장 잘 알려진 것은 첫째인 비희(贔屭)이다. 비희는 무거운 것을 들기 좋아해서 늘 비석 같은 무거운 돌을 지고 있는 모습이다. 오래된 비석에는 귀부라고 하는 거북이 모양의 받침돌을 볼 수 있는데, 이것이 바로 비희다. 거북이를 닮았지만 실은 용의 새끼인 것이다.

둘째는 이문(螭吻)이다. 먼 데 바라보기를 좋아해서 지붕의 마루 끝에 장식하는 동물들이 여기에서 유래했다. 셋째는 포뢰(蒲牢)인데 이것은 모습도 용을 닮아 전형적인 새끼 용의 모습이다. 포뢰는 소리지르기를 좋아해서 종의 울림통에 장식을 한다. 또 에밀레종 같은 옛 종에는 종을 매다는 부분에 장식된 작은 용을 볼 수 있는데 이것이 용의 새끼인 포뢰이다. 넷째는 폐안(狴犴)이다. 모습이 호랑이와 닮은 폐안은 힘이 장사라서 예로부터 범죄인을 가두는 옥문(獄門)에 장식으로 세워놓았다.

다섯째는 도철(饕餮)이다. 음식을 먹고 마시기를 좋아해서 솥뚜껑에 장식했다. 여섯째는 기혈(蚣蝮)이다. 이 녀석은 물을 좋아해서 다리 기둥에 새겨놓았다. 오래된 돌다리의 기둥에 새겨진 거북이 모양의 동물은 실은 물을 좋아하는 용의 새끼인 기혈이다. 일곱째는 애자(睚眥)이다. 살생하기를 좋아해서 칼 둘레에 새겨놓았다. 여덟째는 산예(狻猊)이다. 태우고 불지르기를 좋아해서 향로에 장식했다. 보통 향로의 다리에는 사자를 닮은 동물이 새겨져 있는데, 이것이 산예이다. 아홉째인 막내는 초도(椒圖)이다. 이 녀석은 가두고 걸어 닫기를 좋아해서 문고리에 장식했다. 모습은 소라나 고둥을 닮았다고 한다.

뱀 기원설과 회오리바람설

이렇게 아홉 마리의 새끼까지 낳아 우리 생활 깊숙이 자리한 용은 과연 무엇일까. 상상의 동물이라고 하지만 그 상상이 출발한 곳을 추적해보면 상당히 흥미로운 점을 발견할 수 있다. 흔히 "천년 묵은 이무기가 용 된다"는 말이 전해온다. 또한 "용은 구름을 타고 승천한다"는 이야기가 많다. 민속학자 하효길 선생에 따르면 아직 학계에서 합의된 설은 서 있지 않지만, 이 말들은 용에 대한 상상의 출발이 어디인지를 추적하는 시발점으로 삼을 수 있다. 용의 형상화는 크게 두 가지로 요약된다. 뱀에 대한 공포와 숭배에서 비롯됐다는 설과 토네이도 같은 기상 현상에서 출발했다는 설이다.

뱀에 대한 공포로부터 비롯됐다는 설은 인도에서 출발한다. 그러나 세계 어느 민족이나 뱀을 싫어하고 무서워한다는 점에서 뱀 공포설은 인도가 유일한 출발이라고 보기는 힘들다. 아무튼 인도에서는 용이 뱀을 신격화한 개념으로 만들어졌다. 용왕에 대한 개념은 코브라 중에서 가장 강한 것으로 알려진 킹코브라의 형상에서 출발했다는 견해도 있다. 코브라는 독이 있어서 인도 지방의 원주민들은 일찍부터 이를 뱀신으로 숭배하는 신앙을 가지고 있었다. 뱀 숭배 신앙이 오랫동안 불교와 교류하면서 마침내 뱀이 불교를 지키는 호교자로 됐다. 불교에서 말하는 용왕이나 용신은 뱀과 신이 혼합된 모습으로 나타나고 불법(佛法)을 수호한다. 또한 불교가 중국을 거쳐 우리나라에 들어오면서 원래의 중국적 용 관념과 혼합됐다. 황룡사 구층탑이나, 문무왕의 설화에서처럼 용이 나라를 지켜주는 존재가 된 것은 그 때문이다.

기상 현상 유래설은 원래 바닷물이나 호숫물이 회오리바람과 함께 휘감겨오르는 용오름 현상에서 출발했다는 설이다. 중국 한나라 때의 철학자인 왕충의 책 『논형』에는 "용은 지상의 나무나 집에 숨어 있는데, 하늘이 용을 승천시키고자 벼락을 쳐, 나무를 꺾고 집을 부수는 것으로 사람들은 알고 있다"고 썼다. 여기에서 서술된 '용이 승천할 때 나무를 꺾고 집을 부수는 모습'이 토네이도와 유사하다.

또한 용은 옛 우리말로 '미르'이다. 미르의 어근은 '밀-'로서 믈

〔水〕과 같다. 때문에 용은 예로부터 물과 관계가 깊은 동물이다. 흔히 큰 호수나 강, 바다와 같은 물 속에 살며, 비와 바람을 몰고 다닌다고 생각돼왔다. 용왕이라는 바다의 신이 우리나라 해안 지방에서 숭배되는 이유도 용이 물을 지배한다는 생각 때문이다. 또한 용은 육지에서 비와 구름과 관계가 많다. 이규보는 『동국이상국집』에서 "용이 기운을 토하여 구름을 만들었으므로, 구름도 신령스럽고 괴이하고, 용은 그 구름을 탐함으로써 신묘함을 부린다"고 했다. 용에 대한 기록들을 보면, 용은 대체로 짙은 안개와 비를 동반하면서 구름에 싸여 움직인다. 또한 바다나 연못 등에서 하늘로 오르내릴 때에는 하늘과 땅이 구분되지 않을 정도로 안개와 구름이 자욱하다. 이것을 보면 용이 기상 현상과 관계가 있다는 것을 쉽게 짐작할 수 있다.

바닷물이 빨려 올라가는 용오름

일단 용의 존재가 받아들여진 다음 사람들 사이에 퍼진 용을 보았다는 목격담들을 보면, 용이 바다에서 일어나는 용오름 현상과 밀접한 연관이 있음을 더욱 실감할 수 있다. 또한 용오름 현상은 용의 실재에 대한 증거가 돼 용에 대한 이야기가 더욱 현실감을 더할 수 있게 했다.

『조선왕조실록』에는 세종 때에 제주 안무사가 보고한 다음과 같은 기록이 있다. "지나간 병진년 8월에 다섯 용이 바닷속에서 솟아

올라와 네 용은 하늘로 올라갔는데, 운무(雲霧)가 자욱하여 그 머리는 보지 못하였고, 한 용은 해변에 떨어져 금물두(今勿頭)에서 농목악(弄木岳)까지 뭍으로 갔는데, 풍우가 거세게 일더니 역시 하늘로 올라갔다 하옵고, 이것 외에는 전후에 용의 형체를 본 것이 있지 아니하였습니다." 이 보고에서 용의 승천이 용오름 현상에 대한 묘사와 매우 흡사한 것을 알 수 있다.

기상연구소 차은정 연구원에 따르면, 태풍·토네이도·용오름·회오리바람 등은 모두 발생 메커니즘이 같은 현상이다. 다만 시간적·공간적인 규모에서 차이가 난다. 태풍은 큰 규모의 열대성 저기압, 토네이도는 작은 규모, 용오름은 주로 해상에서 발생하는 토네이도를 부르는 이름이다. 주변에서도 가끔 나뭇잎이나 먼지가 소용돌이를 이루며 감겨 올라가는 회오리바람을 볼 수 있다. 이 모두가 주변 공기보다 기압이 낮은 원기둥이 생겨나 이곳으로 주변 공기가 일시적으로 몰려들어가면서 생기는 소용돌이다. 찬 기류와 더운 기류가 만나면서 접촉부에서 불안정한 지역이 생기고 주변보다 현저히 낮은 기압을 보이는 지역이 만들어질 때 이런 현상이 생긴다.

토네이도 중에는 작은 소용돌이들이 여러 개로 갈라져 생기는 것도 있는데, 『조선왕조실록』의 기사에서 다섯 마리의 용은 갈라진 토네이도를 지칭하는 것으로 볼 수 있다. 토네이도가 주면의 물건들을 빨아올리는 것은 기압차 때문이다. 토네이도 외부의 대기압이 보통 1기압(1,013hPa)보다 조금 낮은 데 비해 그 내부는 약 50~100hPa밖에 되지 않는다. 이 정도의 기압 차이면 나무를 뽑고

비 긋기

지붕을 날려버리는 것은 물론, 수십 톤짜리 트레일러도 넘어뜨릴
수 있다.

울릉도 앞바다의 용오름

토네이도 현상이 우리나라에서 그리 드문 현상이 아니라는 점도
용의 승천에 대한 기록들이 토네이도와 관계가 있으리라는 심증을
크게 한다. 지난 1988년 10월 18일에 울릉도 앞바다에서 발생한 용
오름은 매스컴을 통해 온 국민이 지켜보았을 정도로 유명하다. 이
외에도 80년대 이후 관측 보고된 용오름만 하더라도 1985년 10월
14일 울릉도 앞바다, 1988년 11월 27일 울릉도 앞바다, 1996년 11
월 27일 서귀포 앞바다 등 세 차례나 된다.

용오름보다는 조금 더 소규모인 육지의 회오리바람은 더욱 빈번
히 발생한다. 기상청에 보고된 것만 1985년 충주, 1989년 안동,
1997년 서귀포, 1998년 서귀포, 1976년 임실, 1973년 완도, 1973년
영주, 1972년 합천, 1961년 강릉 등이다. 한편 지난 1964년 9월 13
일 한강 뚝섬 지역에서 발생한 토네이도는 특히 무서웠다. 신사동
에서 팔당 부근까지 약 20km를 진행하면서 좌우 약 2백m 지역에
엄청난 피해를 입혔다. 당시 내무부 집계에 따르면 사망 239명, 부
상 346명, 실종 165명, 이재민 3만 4천여 명으로 당시 금액으로 14
억여 원의 엄청난 피해를 입혔다. 이런 사례들을 보면 용의 승천이
불시에 발생하는 토네이도를 신비화한 것이라는 이론에 더 신뢰가

간다.

조선일보 칼럼니스트 이규태씨는 『삼국사기』에서 백제 고이왕 5년에 "벼락이 치더니 관문으로부터 황룡이 날아갔다"는 기록과 조선 명종 9년 진부령 근처에서 "황룡이 승천하는데 큰 나무들이 뽑혀 날아갔다"는 기록을 들어 용과 토네이도의 연관성을 주장했다. 용의 승천에 관한 설명에서 대부분 나무가 뽑힌다든지 안개·벼락 등의 현상이 있었다는 것을 보면 토네이도와의 연관성이 분명하다는 주장이다.

그렇다면 용은 국가의 수호신으로 상상 속에만 있는 것이 아니라 실재하는 것이다. 모습을 정확히 볼 수는 없지만 거대한 물기둥과 자욱한 구름으로 흔적을 나타내는 용을 보고서도 존재하지 않는다고 생각할 수 있겠는가.

제왕 절개로 만드는 사주

이런 일을 주변에서 많이 본다. 회사원 강모씨(30세)는 최근 아주 곤란한 일을 겪었다. 그의 어머니가 꼭 '길일(吉日)'을 잡는다며 결혼 날짜를 평일로 정했기 때문이다. 결혼식은 으레 주말에 하는 줄 알았던 강씨는 모든 계획을 수정하고 신부의 이해를 구해야 했다. 강씨의 어머니는 자신의 사주와 시아버지가 돌아가신 날의 사주가 맞지 않아 집안에 우환이 끊이지 않는다고 믿으면서, 집안일에서 사주에 따른 택일만은 절대 양보할 수 없다고 주장한다.

손 없는 날

특별히 택일에 집착하지 않더라도 흔히 '길일'이라고 알려진 날에는 결혼·이사 등이 많이 몰린다. 이런 날에는 예식장마다 만원이요, 아파트마다 이삿짐 센터의 사다리차가 여러 대씩 진을 치는 이사 대목을 연출하기도 한다. 또한 여행사에서는 신혼 여행의 예약을 미리 챙기고 길일의 수요에 맞춘 특별 여행 상품까지 준비한다.

과연 '길일'이란 있는 것일까. 『월간 역학』 발행인 전용원씨에 따르면, 어떤 특정한 사람에게만 좋은 '길일'은 있을 수 있지만, 모든 사람에게 다 좋은 '길일'은 없다고 말한다. 다만 흔히 신문이나 방송에서 화제가 되는 '길일'이란 '손 없는 날'이 와전된 것이라고 한다.

소위 '길일'은 날짜의 간지(干支)에 음양오행의 원리를 적용해서 얻는다. 태어난 연(年)·월(月)·일(日)·시(時)의 4가지 시간 단위는 사람의 운명을 받쳐주는 '기둥'이라고 해서 사주(四柱)라 부른다. 그리고 사주의 각각에 간지를 부여한 여덟 글자를 팔자(八字)라고 한다. 사주명리학에서 여덟 글자의 상호 관계를 일정한 법식으로 풀어내 길흉화복을 읽어내는 것처럼 택일 또한 같은 원리를 적용해 해당 연월일시에 치러질 행사의 길흉을 판단한다.

예를 들어 1999년 3월 27일 12시에 치러지는 결혼식은 기묘년(己卯), 정묘월(丁卯), 무인일(戊寅), 무오시(戊午)에 일어나는 행사다. 여기에서 기묘·정묘·무인·무오의 여덟 글자를 얻고, 음양오행 사이의 상생(相生)과 상극(相剋) 원리를 기초로 정립된 합(合)·형(刑)·충(冲)·파(破)·해(害) 등의 관계들이 어떻게 배치되고 있는지를 파악해서 그날의 길흉을 얻는다. 간지가 신자진(辛子辰), 사유축(巳酉丑) 등으로 배치된 것을 합이라고 하는데, 이는 길한 것으로 친다. 또 인-사(寅-巳), 자-오(子-午), 오-묘(午-卯), 묘-신(卯-辛) 등의 관계는 형충파해에 해당돼 흉한 것으로 친다. 행사 시간을 염두에 두지 않으면 연월일 속에 포함된 여섯 글자만으로 관계를 지어 그날의 길흉 여부를 판별한다.

이른바 '손 없는 날'은 이들 여섯 글자의 관계가 '길'이나 '흉'에 전혀 관계 없는 '백지 상태'와 같은 날로 해석되는 날이다. 그러므로 이날 치르는 행사는 특별히 길하지도 않지만 특별히 흉하지도 않아 그야말로 행사를 치러도 '손(해)이 없는 날'일 뿐이다. 이를 "10년 만의 길일"이니 "60년 만의 길일"이니 하며 부화뇌동하는 것은 과장된 것이며, 명리학자들조차 "운명학의 이론에도 전혀 맞지 않는다"고 말한다.

원래 택일은 가장 길한 날을 택하는 것을 목표로 한다. 원리는 행사를 치르는 사람의 사주와 행사 자체의 사주가 서로 조화를 이루어 가장 길하게 되는 날을 정하는 것이다. 그런데 각자의 사주가 모두 다르고 날짜의 사주가 다르므로 '모두에게 길한 날'이란 애초부터 성립할 수가 없는 것이다.

태생 사주와 태원 사주

사주명리학에서는 사주가 운명을 보여준다고 하지만, 실상 사주 자체가 무엇을 의미하는가에 대해서조차 논란이 크다. 한편에서는 사주란 생년 생시의 간지를 일컫는 것이므로 '태어나서 첫 숨을 흡입하는 순간'이라고 본다. 아기가 태어나서 첫 숨을 흡입하면서 울음을 터뜨리는 순간에 그를 둘러싼 모든 우주적 환경이 그와 연관을 맺고 운명에 영향을 미친다는 것이다. 이를 태생 사주라 한다.

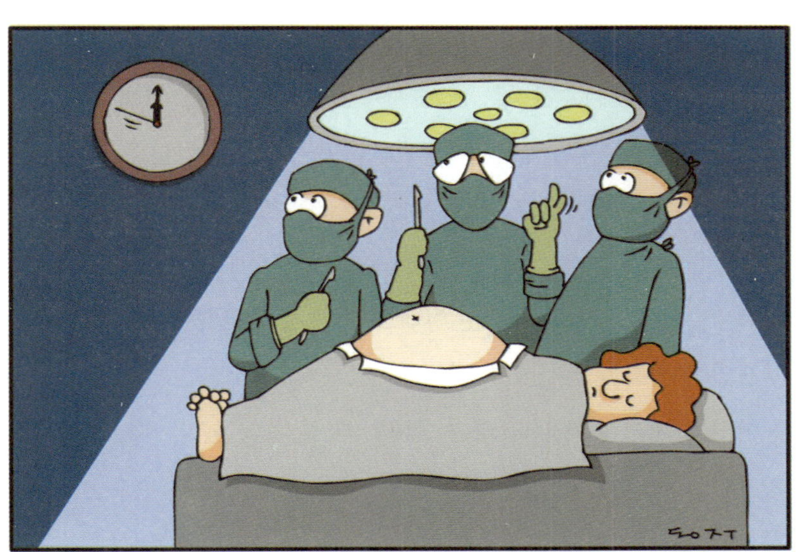

카운트다운 10초 전

이 입장에서는 제왕 절개를 통해 사주를 만드는 것도 의미가 있는 것이다. 제왕 절개이건 자연 분만이건 상관없이 태어나는 시간만이 중요하기 때문이다. 근래 많은 사람들이 태어날 아기의 사주를 미리 뽑아본 다음 좋은 시간에 제왕 절개를 하는 끔찍한 일이 이 때문에 벌어진다.

다른 한편에서는 억지로 좋은 사주를 맞추어 제왕 절개 하는 것을 인정하지 않는다. 왜냐하면 사주란 생년 생시가 아니라, 그 사람이 '잉태되는 순간'을 지시해주는 지표라고 해석하기 때문이다. 이를 태원 사주라고 하는데, 인간의 운명은 잉태되는 순간 결정되는 것이고, 생년 생시의 사주는 잉태 순간에 부여된 운명을 보여주는 지표일 뿐이라는 입장이다.

이 입장에서는 제왕 절개는 의미가 없고 위험한 일이다. 우선 제왕 절개는 자연스런 것이 아니므로 여기에서 나온 사주로는 잉태 시점의 운명을 파악하기가 어렵다는 것이다. 또한 좋은 사주를 뽑아 제왕 절개를 했다고 할지라도 아기가 그것을 받아들일 운명이 아니라면 아무 소용이 없다고 본다. 분만 예정일 근처에 늘 좋은 사주가 있을 수도 없을 뿐더러 예정일을 2~3개월씩 앞당겨 수술을 해서 아이를 심각한 위험에 빠뜨린다면 그의 운명은 불행할 것이기 때문이다.

하지만 뱃속의 태아를 언제부터 인간으로 볼 것인지에 대해서 논란이 많은 것과 마찬가지로 잉태의 순간을 언제로 정해야 할지에 대해서도 의견은 통일돼 있지 못하다. 난자와 정자가 만나는 순간으로 할지, 나팔관에서 내려와 자궁에 착상되는 순간으로 할지, 태아에게 감각이 생기는 시기로 할지 합의할 수가 없는 것이다. 보통은 정자와 난자가 수정되는 그 순간이라고 하지만 그렇다면 쌍둥이는 어찌해서 같은 운명이 되지 않을까.

수백 개의 다른 달력

사주 자체에 대한 이러한 논란에 더하여 자연과학자들은 택일법 또한 비과학의 전형이라고 일축한다. 서울대 물리학과 장회익 교수는 자연과학적 방법론의 입장에서 볼 때 '길일'이란 한마디로 미신이라고 말한다. 운명학은 천체의 배치나 우주의 변화 등 인간 외부의 세계가 인간에게 영향을 미친다는 것을 전제로 한다. 그러나 그 영향 관계가 음양오행의 원리로 이루어진다는 어떠한 근거도 없으며, 설사 신령한 사람이 알아내서 이를 알려주었다고 하더라도 그것을 증명할 아무런 방법도 없다는 것이다.

더구나 운명학이 기초로 하는 간지, 시간, 천체 배치 등은 너무나 부정확하게 자연을 반영하고 있다. 사주의 간지는 역법(曆法)으로부터 나오는데, 역사상 수백 수천의 다른 역법이 명멸했으며, 중국에서 국가적으로 역법을 바꾼 것만 해도 수십 차례를 넘는다. 지금은 정월을 입춘이 든 달로 정하고 있지만, 동지가 든 달을 정월로 한 때도 있었다.

그럼에도 불구하고 소위 '길일'은 우리 사회에서 지속적으로 생산된다. 운명론을 완전히 버리고 과학으로 돌아가기에는 인습의 유혹이 너무나 강하기 때문이다. 많은 사람들이 택일 자체에 대해서는 미신적이라고 생각한다. 그러나 사주·운명·길흉 등의 관념을 완전히 거부하기도 쉽지 않다. 약한 인간에게는 미래에 대한 불안감이 상존하고 있기 때문이다.

여기에서 사람들은 가장 소극적이면서도 효과적인 선택을 한다. 길일을 기어코 찾겠다는 것은 미신적이지만 그렇다고 무언가 운명이 개입돼 있다는 느낌도 완전히 버릴 수 없다. 그러니 아무것도 개입하지 않은 백지 상태인 '손 없는 날'을 선택한다. 이에 주말이 겹친다면 그야말로 금상첨화다. '손 없는 날'에 치른 행사라면 외부적인 운명이 개입할 일은 없다. 길흉은 이제 당사자의 노력이 만들 뿐이다. 하지만 우리가 계속해서 '손 없는 날'을 찾는다면 우리는 늘 절반밖에 과학화되지 못한다.

관상은 어디까지 과학인가

"초년에 고생 좀 했구먼, 요즘도 잘 풀리는 건 아니고. 부모 한쪽 일찍 여의고. 성격이 아주 날카롭구먼. 작은 일에도 신경을 많이 쓰고. 언변이 아주 좋고, 호흡기가 약하구먼. 서른 넘으면 좋겠네. 관운이 많은 상이야. 고시 공부가 제격이야."

사주·관상·수상·작명 등을 전문으로 한다는 소위 운명 철학 연구소에 들어서자마자 소장이 내놓을 법한 관상 감정서다. 그런데 도대체 이 사람은 어떤 능력을 가졌기에 한마디 말도 나눠보기 전에, 그리고 사주팔자도 없이 사람의 과거를 훤히 꿰뚫고 미래를 점칠 수 있다는 말인가.

소장이 내놓은 관상 감정의 근거란 이런 것이다. 미간이 좁고 입이 작으니 성격이 날카롭고, 이런 사람은 대체로 폐, 기관지 등 호흡기가 약하다. 눈 밑이 부풀었으니 언어 감각이 좋다. 이마가 각이 졌으니 중년으로 가서야 운이 트일 것이다. 귓불이 탑탑한 금귀를 가졌으니 부귀영화가 생길 것이다.

흔히 관상가들이 놀랍도록 자신의 성격을 맞추고, 살아온 과거를 거의 완벽하게 재현하는 신기한 느낌을 받는 일이 많다. 이러한 느낌으로 인해 은연중에 관상·수상 등에 비전(秘傳)의 원리가 있을 것이라거나, 감정가는 뭔가 특별한 능력을 지닌 예언가일 것으로 생각하게 된다.

그렇다면 관상에는 무슨 과학적인 원리가 숨겨져 있는 것일까. 따지고 보면 관상의 원리는 일반인이 이해 못 할 신비한 원리에 바탕한 것은 아니다. 감정가들은 일반인이 잡아내기 힘든 신체의 미묘한 차이들을 잘 간취해내는 특별한 감식안을 타고났거나, 공부를 통해 그런 능력을 얻은 사람들이다. 그들은 신체의 특징을 찾아내고 이것을 오래 전에 경험적으로 정립된 감정 원리에 따라 해석한다. 그런 점에서 관상가는 무당들에게 의뢰자의 운명을 말해준다는 동자신 같은 초자연적인 신을 필요로 하지 않는다. 관상이 영적인 현상과 관계된 것처럼 보이는 것은 많은 경우 무속인들에게서 느끼는 운명 예언의 측면을 크게 생각하기 때문이다.

원리만 안다면 누구나 관상가가 될 수 있다. 물론 관상가들 사이에서는 심안(心眼)이라고 해서 단지 신체적인 특징을 원리에 맞춰 풀어내는 수준이 아니라, 척 보면 그 사람의 과거와 미래를 꿰뚫어 볼 수 있는 최고의 경지가 숭상된다. 그리고 역사상의 유명한 관상가들은 심안을 가졌다고 선전된다. 이런 사람들은 예민한 눈으로 미세한 형태의 차이를 잡아내고 이를 성격, 생활 환경 등과 정확히 연결시킬 수 있었던 사람이다. 그러나 이런 초인적인 능력은 그저 전설로 전해질 뿐이다.

일반인의 경우 보통 눈이 작다, 광대뼈가 튀어나왔다 등의 눈에 띄는 특징만 간취해낼 뿐이지만, 관상가는 하관이 빠르다, 미간이 좁다, 인중이 짧다 등 일반인이 쉬이 판단하기 어려운 인상적 특징까지 잡아낸다. 서울교대 조용진 교수(미술해부학)에 따르면, 보통 코의 길이는 전체 길이가 62mm 이하일 경우 짧다고 볼 수 있는데, 일반인은 이것이 어느 정도인지를 모르지만 많이 보고 오래도록 대조해본 사람이라면 1∼2mm의 차이라도 그야말로 "척 보면 알아볼 수 있다"고 한다. 얼마나 예민한 감각으로 인상적 특징을 잡아낼 수 있느냐 하는 것이 유능한 관상가의 첫째 조건인 것이다.

습관화된 표정에서 과거 짐작

조용진 교수는 "인상은 평생에 걸쳐 변한다"는 말로 관상의 원리를 설명한다. 사람은 성장하면서 연령, 영양 상태, 정서 상태, 환경에 따라 얼굴에 나타나는 인상이 달라진다. 때문에 얼굴의 상태를 판별하면 그 사람이 어떤 연령과 환경과 정서 상태에 있는지를 역으로 추정할 수 있다는 것이다. 바로 현재는 과거의 반영이라는 것이 관상의 원리다. 흔히 "즐거운 마음으로 생활하면 인상도 밝아진다"는 말처럼 인상은 표정이 습관화돼 나타나는 것이다. 관상가는 이러한 습관화된 과거를 인상을 통해 예민하게 판단하는 것이다.

예를 들어 관상서에서는 얼굴이 검붉은 경우를 천한 상으로 판단한다. 이런 상은 대체로 육체적인 고생을 많이 하는 상공업 종사자의 상으로 치는데, 실제로 시장 상인들에게서 이런 상을 많이 찾아볼 수 있다고 한다. 조용진 교수는 이를 환경적인 영향을 유추한 판단이라는 점에서 상당한 과학적 근거를 갖는다고 말한다. 시장에는 사람들이 들끓어 늘 산소가 부족한 환경이기 쉽다. 산소가 부족하면 모세혈관이 확장되고 실핏줄이 터지는 등 얼굴이 얼룩얼룩하고 피멍 든 것처럼 보이기도 한다. 관상서에 이러한 얼굴빛을 천한 상이라고 한 것은 바로 오랜 경험으로 환경적인 영향과 그로부터 형성된 인상을 결합한 상당한 경험 과학이라고 볼 수 있다는 것이다.

반대로 고승들처럼 공기가 맑고 산소가 풍부한 산속에서 생활하는 사람은 모세혈관이 줄어들고 얼굴이 희어지는데, 아니나다를까 관상서에서는 이런 상을 도골선풍(道骨仙風)이라며 매우 귀한 상으로 친다. 결국 이 상을 가진 사람은 고생을 모르고 유유자적하는 생활을 해온 것이라 판단하면 그의 과거와 현재의 환경에서 크게 벗어나지 않는 판단인 것이다.

경험적 통계에 바탕한 원리

일반인들도 흔히 사람을 보고 "복 있게 생겼다" "고생 많이 한 것 같다" "사기꾼 인상이다" 등 무의식중에 관상가적인 판단을 하는

관상

데, 이런 것들도 대부분 성품이나 살아온 역정에서 크게 벗어나지 않는 일이 많다. 조용진 교수의 조사에 따르면, 일반인이 느끼는 인상이 관상가(혹은 관상서)의 판단에 부합하는 비율이 약 83% 정도에 이른다고 한다. 일반인의 느낌으로 "인상이 좋다" "선하게 생겼다" 등으로 판단하는 얼굴은 관상서에서도 좋은 상으로 판단하고, "인상이 험하다" "독하게 생겼다"는 느낌이 드는 상이면 관상서에서도 대체로 나쁜 상으로 평가하고 있는 것이다. 결국 관상의 원리란 얼굴을 볼 때 느끼는 일반인의 느낌과 그 사람의 성격적 패턴을 통계적으로 분석하고 이를 일반적인 원리로 정립한 것임을 알 수 있다.

그러나 통계적인 분석을 통한 일반 원리의 정립은 자칫 성급한 결과를 초래할 수도 있어서 신중한 검토를 요한다. 지금으로부터 2백여 년 전 오스트리아의 외과 의사 프란츠 갈(1758~1828)은 사람들의 두개골 모양과 성격의 특성을 연관지은 골상학을 만들었다. 그는 자신에게 찾아오는 환자들의 두개골을 조사하고, 다시 수많은 사람들의 두개골을 조사했다. 그 결과 두개골의 특정 부위는 공격성, 다른 부분은 인내심 등에 관련된 것으로 통계적인 관련성이 나타나자 이를 정신과적인 치료에 응용했다. 어떤 사람들은 공격성을 관장하는 두개골의 부위를 보고 범죄인을 가려내거나 미래에 범죄인이 될 사람을 가려내려는 시도까지 했다.

그러나 뇌 과학의 발달로 골상학은 불완전한 통계와 상상에 기반한 비과학이었다는 것이 확인됐다. 성격과 행동의 특성은 두개골의 형태가 아닌 뇌에 연결돼 있다는 것이 밝혀졌으며, 아울러 외피적 특징들이 성격과 운명에 연관돼 있다는 주장은 매우 성급했다는 것이 밝혀진 것이다.

관상학도 마찬가지다. 경험적 측면이 강조된 통계라고 하더라도, 관상학이 아직 과학이 아닌 것은 엄격한 인과율이 성립되지 않는 불완전한 통계일 뿐이기 때문이다. 인간의 삶의 과정과 환경을 몇 가지 대표적인 특징으로 유형화시킬 수는 있지만, 이것이 모든 인간의 특수한 환경과 삶의 역정에 모두 들어맞을 수는 없다. 때문에 인상을 통해 과거의 행태를 판단하는 데서도 근사적인 해석은 가능하지만 한계가 있을 수밖에 없는 것이다.

통계적 연관성과 과학적 인과성

학자들에 따르면 사람들은 종종 통계적인 연관성을 인과적인 관계로 착각하곤 한다. 강건일 박사(전 숙명여대 교수, 『신과학은 없다』의 저자)는 "통계적 상관성이 곧바로 인과성이 되는 것은 아니다"라며 이러한 작업의 위험성을 상기시킨다. 사람들이 흔히 통계적 진술과 과학적 인과성을 혼동하는 경향이 있는데, 여기에서 오해가 발생하고 성급한 비과학적 주장이 생겨나게 된다는 것이다.

"얼굴의 형태와 성격이 통계적으로 관계가 있다"는 진술이 참이라 하더라도 곧바로 이 두 가지가 과학적 인과성으로 묶일 수 있는 것은 아니다. 예를 들어 미간이 좁은 사람은 성격이 날카로운 경우가 많다는 경험적 진술이 통계적으로 의미있는 진술이라 할지라도, 미간이 좁기 때문에 성격이 날카롭다는 진술을 참이라고 할 수는 없는 것이다. 아직 우리는 성격의 날카로움과 미간의 좁음을 인과적으로 연결시킬 수 있는 아무런 과학적 근거도 갖고 있지 않다.

성격 유전자와 얼굴

일부에서는 얼굴 또한 유전적 형질의 발현이므로 특정 성격 유전자와 관상이 관련돼 있을 가능성을 제기하기도 한다. 근래 유전병 진단에 손금의 특징을 보조 자료로 활용하는 경우에서 보듯이 신체의 특징이 특정 유전자와 관련돼 있을 개연성은 있다. 아주대 해부학 교실의 정민석 교수에 따르면, 21번 염색체가 1개 부족할 때 나타나는 다운 증후군의 경우 원숭이 손금이라는 특정한 손금이 나타날 확률이 매우 높다고 한다. 그러나 미간이 좁은 사람들은 성격이 날카롭고, 이들이 공격적인 유전자를 가졌기 때문이라고 설명하는 것은 아직 상상일 뿐이다. 또한 성격을 규정하는 유전자를 상정하더라도 특정 유전자와 특정 성격, 그리고 그 유전자의 발현이 얼굴 형태로 나타난다는 설명을 할 수 없다면 관상학은 과학이 될 수 없는 것이다.

생명공학연구소 이대실 박사는 인간의 성격을 유전자와 연결시키는 연구는 "한마디로 멀고도 험하다"고 잘라 말한다. 원숭이와 인간은 유전자적으로 1~1.5%의 차이밖에 없는데도 동물과 영장으로 달라지는데, 미세한 개개인의 차이를 유전자로 모두 설명하는 것은 거의 불가능에 가깝다는 것이다. 정민석 교수도 "손금으로 성격적인 유형을 판단하거나 미래의 운명을 예측하는 것은 아직 과학적 기초가 너무나 부족하다"고 말한다. 이미 한 조사에서 대학생을 대상으로 인문 사회 계열과 자연 계열 학생들의 손금을 비교해보았으나, 문과적 적성과 이과적 적성을 구별짓는 뚜렷한 손금의 차이를 발견할 수 없었다. 어느 경우에도 환경적 영향을 고려해야 설명할 수 있는 인간이라는 존재는 결코 유전자 하나로 설명되지 않는 것이다. 몇몇 유전자의 경우 유전자와 성격적인 연관성이 통계적으로 제시되고 있기는 하지만, 그것도 언제나 그것이 그렇다는 인과적 관련성을 주장하는 것은 아직은 성급한 이야기다. 규명된 성격 유전자는 다만 통계적인 유의성일 뿐, 성격의 발현은 매우 복잡한 과정과 여러 유전자의 복합으로 결정되는 것이기 때문이다.

범죄자 얼굴?

여기서 카를 융이 인간의 일반적인 성격 유형을 분류하고 심리 유형론을 세우면서도 그것을 신체적인 특징과 연관시키지 않았다는 점을 상기할 필요가 있다. 인간 개개인의 특질을 몇 가지 유형으로 제한했다는 점에서 많은 사람의 비판을 받았지만, 그래도 융은 이것을 어떤 특정한 신체적 요인과 성급하게 연관짓지 않았다. 왜냐하면 개인의 성격적인 태도는 타고나기도 하지만, 사회적인 영향에 의해 수정될 수밖에 없는 것이라고 믿었기 때문이었다. 반면 비슷한 시대 독일의 정신의학자 크레치머는 체격의 특질들을 인격의 요소들과 연결짓고 이를 통해 미래를 예측하려고 시도했다. 체격을 통해 범죄자의 유형을 찾고, 이들을 격리함으로써 범죄를 예방하는 데 이용하고자 했던 것이다. 그러나 이는 수많은 폐해를 낳으면서 결국 실패로 돌아갔다.

명지대 최창석 교수(전자정보통신학과)는 최근 한국인의 얼굴 특징을 분석하고 이를 표준화해서 데이터 베이스를 구축했다. 범죄 피해자가 범인의 얼굴 특징을 구체적으로 진술하지 못하더라도 인상적인 느낌만으로 데이터 베이스에서 눈·코·입 등을 골라내면 이를 합성해서 몽타주를 만들 수 있는 기법을 개발한 것이다. 그러나 최교수는 "범죄자의 얼굴 형태를 유형화할 수 있느냐"는 질문에 "말도 안 되는 소리"라고 잘라 말한다. 범죄자들의 얼굴에서 공통되는 특징이 있을 수 없듯이 수많은 개인의 운명을 관상으로 유형화하려는 시도 또한 위험하다는 것이다.

맹신에서 불행 싹터

사람들이 관상가의 감정을 통해 과거의 행적을 반성해보거나 성격적 특성에 대한 분석을 토대로 부족한 특질을 신장시키고, 지나친 성품을 줄이는 방향으로 노력한다면, 관상은 생활에 유익한 도움을 줄 수 있다. 조용진 교수는 "마음을 예쁘게 쓰면 인상도 예뻐진다"는 말로 관상의 유용한 측면을 든다. 자신의 인상이 남에게 거부감을 주고 불행한 느낌이 들게 한다면, 자신의 마음이 거북하고 슬프다는 것을 나타낸다. 때문에 더욱 즐겁고 적극적인 마음가짐으로 생활하려고 노력한다면 인상은 밝고 온화한 인상으로 변할 것이다. 자신의 부족한 성품을 기르는 데 관상가의 감정을 활용한다면 더욱 활기 있고 윤택한 생활을 영위할 수 있다는 것이다.

하지만 많은 경우 관상가를 찾는 사람들은 미래에 대한 예언을 듣고 행불행을 점쳐보겠다는 점술적인 동기에서 출발한다. 명확한 과학적 근거를 갖지 못한 불완전한 통계가 제시하는 방법에 자신의 운명을 맡긴다는 것은 얼마나 무모한 일인가. 더욱이 근거 없는 예측을 맹신하게 될 때, 합리적이고 정당한 노력으로 삶을 영위하려 하기보다 나태하고 구복적인 태도로 흐를 것은 뻔한 이치다.

백범 김구 선생도 젊은 시절 방황할 때 중국의 전통 관상서인 『마의상법』에 심취해 관상 공부를 한 적이 있다. 그러나 이내 그 허망함을 깨닫고 공부를 작파했는데, 이때 그가 관상서에서 발견한 한마디는 오늘날에도 관상에 매달리는 사람들에게 교훈이 된다. "관상 좋은 것은 몸 좋은 것만 못하고, 몸 좋은 것은 마음 좋은 것만 못하다." 사람의 관상은 연령, 정서 상태, 영양 상태, 환경에 따라 일생 동안 변한다. 관상가의 판단에서 우리가 얻어야 할 것은 미래에 대한 예측이 아니라, 아름다운 모습으로 변하기 위한 아름다운 마음 자세다. 현재의 얼굴이 과거의 반영일 수 있다면 결국 미래의 내 얼굴은 현재를 살아내는 내가 만들어가는 것이 아니겠는가.

돌을 쇤 아이는 왜 두 살일까

우리나라에서 '돌' 은 아기가 태어난 후 첫번째 생일이다. 그런데 이때 아이의 나이는 두 살이라고 한다. 서양에서는 돌이 되어서야 한 살이다. 아기의 나이를 이렇게 치는 것은 문화적인 차이 때문이겠지만, 뱃속의 아이를 생명으로 보느냐 그러지 않느냐 하는 생명관의 차이도 한 가지 이유다. 우리나라에서는 정자와 난자가 수정이 되는 순간부터 생명이 시작되고 어머니 뱃속에서 자라는 열 달 동안 아이는 한 살을 먹는다고 생각했던 반면 서양에서는 아이가 태어나는 순간에야 비로소 생명으로 인정해준 것이다.

언제부터 생명일까

낙태 문제와 결부되어, 혹은 인간의 수정란을 대상으로 한 실험 등과 관련되어 과연 언제부터 생명으로 볼 것인가 하는 문제가 철학적 · 사회적 문제가 되고 있다. 어떤 이들은 사주학의 전통을 따라 정자와 난자가 만나는 수태 순간으로 보는가 하면, 의사들은 나 팔관에서 수정된 수정란이 자궁에 착상하는 14일에야 비로소 생명으로 인정할 수 있다는 설을 제기하기도 한다. 한편에서는 뇌 기능을 중심으로 뇌간이 형성되는 60일 정도가 지나야 진정한 생명으로 볼 수 있다고 하며, 다른 한편에서는 조산이 되거나 불가피한 사정으로 제왕 절개를 하더라도 모체의 바깥에서 스스로 생존할 수 있는 약 28주 이상을 생명의 시작으로 보기도 한다.

이렇게 다양한 시각이 있지만 아이의 엄마가 실제로 뱃속에 생명이 있다는 것을 느끼는 때, 즉 입덧이 생기는 때부터 아이를 생명 있는 존재라고 보는 것은 어떨까. 많은 TV 드라마에서 임신 사실을 드러낼 때 흔히 헛구역질하는 장면을 보여주는 것처럼 입덧이 생기면서부터 부모는 실제적으로 태아가 뱃속에 있다는 사실을 알아차리고 그를 위해 행동을 조절하기 때문이다.

헛구역질과 음식물 혐오로 대표되는 입덧은 전통적인 의학에서는 아직까지도 미스터리로 남아 있는 현상이다. 태반에서 분비되는 융모성 고나도트로핀이라는 호르몬과 관계가 있다는 것 외에 그것이 왜 생기는지, 태아와 모체에 어떤 영향을 끼치는지에 대해 알려진 것이 거의 없다.

입덧은 태아 보호를 위한 전략

하지만 입덧은 임산부에게 매우 고통스러운 현상이다. 있는 둥

마는 둥하고 지나가는 경우도 있지만 길게는 임신 4~5개월까지 계속되기도 한다. 대체로 심신이 허약하고 신경이 날카로운 경우에 입덧이 더욱 심하다고 알려져 있지만 꼭 그렇지도 않다. 한방에서는 소화 기능이 약한 사람이 임신으로 소화 기능이 더욱 떨어졌을 때 생겨나는 것으로 보며, 또한 신경이 예민한 사람이 임신했거나 임신 후 신경을 과도하게 썼을 때 위장의 열기가 위로 치솟아 입덧을 일으키는 것으로 생각한다. 그러나 어느 것 하나도 입덧의 원인과 증상의 개선책을 설명하는 속시원한 이론은 없다.

그런데 최근에 진화생물학자들은 입덧이 치료해야 할 병리학적인 현상이 아니라 자연스런 적응의 전략이라며 이것을 치료하려는 것 자체가 태아에 해롭다는 주장을 하고 나섰다. 서울대 최재천 교수(생물학부)가 번역한 『인간은 왜 병에 걸리는가』(사이언스북스)에서 이런 주장을 볼 수 있다. 대부분의 어린이들은 보통 양파나 마늘 같은 강한 향이나 맛이 나는 야채를 싫어한다. 이들은 식물성 독소를 포함하고 있는 것들이라 저항력이 약한 신체를 보호하기 위해 이들을 싫어하는 진화적인 전략이 생겨난 것이다. 마찬가지로 입덧이 시작되는 시기는 태아가 독소에 대해 취약성이 매우 높은 때이다. 때문에 임신이 진행되면서 나타나는 구역질과 음식 혐오증은 산모에게 음식 섭취를 제한하도록 해서 태아가 독소에 노출되는 것을 막도록 진화한 것이라는 주장이다.

임신 초기에는 태아가 산모에게 영양 면에서 그다지 큰 부담이 되지 않는다. 건강하고 영양 상태가 좋은 산모라면 입덧으로 인해 조금 덜 먹고도 버틸 수 있다. 구역질로 인해 산모가 음식물 섭취가 힘들더라도 태아가 안전한 것만을 먹을 수 있다면 태아를 위해 이득인 것이다. 이에 반해 입덧이 없던 산모는 유산이나 신생아 질병을 가진 아기를 낳기 쉽다는 관찰도 있어 이들의 주장에 신빙성을 더하고 있다. 때문에 임산부는 치료용이든 기분 전환용이든 간에 약물은 절대적으로 삼가야 한다. 알코올, 담배는 물론 강한 향기와 맛을 내는 음식은 피해야 한다.

아이는 미운 시어머니 닮는다

그 이유야 어쨌든 입덧은 태아가 어머니에게 자신의 존재를 알리고 어머니와 현실적으로 관계를 맺는 출발점이 된다. 이때부터 어머니는 태아의 존재를 알아차리고 음식은 물론 행동거지까지 조심스러워진다. 우리 조상들은 이때부터 태아를 생명으로 인식했기 때문에 입덧이 시작되면 곧바로 태교의 금기를 지켰다.

"아이는 미운 시어머니 닮는다." 이 말은 시어머니에 대한 며느리의 미움을 표현하는 것이기도 하지만, 가만히 뜯어보면 태교의 원리를 말하고 있다. 임신한 엄마의 생각이나 태도가 뱃속의 아이에게 영향을 미칠 수 있다는 것이다. 1803년에 사주당 이씨가 지었다는 『태교신기(胎敎新記)』는 예로부터 임신한 어머니들이 지켜야 할 몸가짐을 정리하고 있다. 술 마시지 말 것, 웃거나 놀라거나 겁먹는 일을 삼갈 것, 나쁜 생각을 하지 말 것 등 먹는 것 하나에서부터 생각과 행동거지 등 수많은 금기와 행동 수칙을 적고 있다. 어머니의 모든 것이 태아에게 영향을 미칠 수 있다고 생각했기 때문이다.

불빛에 놀라는 태아

그렇다면 과연 태아는 뱃속에서도 외부에서 주어지는 자극과 정보를 받아들이고 있는 것일까. 1999년 10월호 『과학동아』에 있는 박문일 박사(대한태교연구회장)의 글에 따르면, 태아는 어머니의 뱃속에 있을 때부터 오감을 느낀다고 한다. 임신 5~6개월 정도에 뇌가 발달하면서 태아들도 오감을 느낄 수 있다. 산부인과에서는 흔히 태아의 건강과 운동 상태를 검사하기 위해 초음파 검사기를 쓴다. 이때 초음파 검사기를 작동하면서 갑자기 산모의 복부에 강한 불빛을 비추면 태아가 꿈틀거리는 모습이 관찰된다. 어둠 속에서 갑자기 등불을 켤 때 눈이 부셔서 순간적으로 얼굴을 돌리는 것과 마찬가지로 태아도 외부의 불빛에 놀라 반응을 하는 것이다.

또 하나 중요한 것은 태아는 자신의 시신경으로 느끼는 빛뿐만 아니라 엄마가 느끼는 시신경의 자극도 간접적으로 느낀다는 점이다. 이는 엄마가 갑자기 강한 빛에 놀랐을 때 그 놀람의 정서 변화가 태아에 영향을 미친다는 의미다. 그러므로 우리 조상들이 태교에서 엄마의 급격한 정서 변화를 유발할 수 있는 것을 하지 말라고 한 것은 매우 과학적이었던 셈이다.

태아는 외부의 소리에도 반응한다. 여러 다른 임산부들의 심장

인생이란…… 치우치지 않는 것

박동 소리를 들려주었을 때 뱃속의 태아는 자신의 어머니의 심장 박동 소리에 반응해서 심장 박동이 빨라진다. 낯익은 소리라는 것을 알아채는 것이다. 갓 태어난 신생아나 영아들이 울고 있을 때 엄마가 품에 안아주면 금방 울음을 그치는 이유도 여기에 있다. 놀랍고 불안한 마음이 뱃속에서부터 들어온 익숙한 엄마의 심장 소리를 들었을 때 편안해지기 때문이다. 아이를 안을 때는 꼭 가슴에 바짝 붙여 따스하게 안아주라는 어른들의 충고는 실은 아이가 어머니의 심장 소리를 잘 듣도록 하기 위한 것이다.

엄마의 목소리도 듣는다

또한 어머니의 목소리는 태아의 뇌 기능에 많은 영향을 미친다는 사실이 밝혀졌다. 1994년 미국 컬럼비아 대학의 연구진은 어머니의 목소리를 태아에게 들려주었을 때 심장 박동 수가 잠들었을 때처럼 감소한다는 것을 발견했다. 태아의 뇌는 잠든 사이에 활발하게 성형된다고 알려져 있다. 때문에 어머니가 아이에게 계속해서 따뜻하고 사랑스런 음성으로 이야기를 해준다면 태아의 뇌 발달에 좋은 영향을 미칠 수 있는 것이다. 임산부는 임신 중 계속해서 자신의 아기와 대화하고 이를 따뜻하게 보살피려는 태도가 중요함을 알 수 있다.

그렇다면 아버지의 음성은 어떨까. 실험 결과 태아는 엄마의 목소리보다 아버지의 목소리에 더 잘 반응한다는 것이 밝혀졌다. 남성의 굵은 목소리가 파장이 길어 자궁에 더 잘 전달되기 때문이다. 엄마와 아빠가 같은 크기의 목소리로 태아에게 말을 하면 태아에게 는 아빠의 목소리가 더 크게 들리는 것이다. 그러나 소음이 계속되면 태아는 호흡이 빨라지고 심지어 호흡이 멈추는 경우도 있다.

태교가 아이의 교육과 두뇌 발달에 어떤 직접적인 영향을 미치는 지에 대해서는 아직 확실하게 알 수 없다. 그러나 태아가 엄마와 아빠의 목소리를 듣고 그들이 느끼는 정서에 영향을 받고 있다는 사실만은 분명하다. 아이는 뱃속에서부터 생명이고 태어나는 순간 한 살을 먹는다는 우리 조상들의 생각이 옳았다는 것이 현대 과학으로 점점 더 설득력을 얻어가고 있는 것이다.

아내 따라 남편도 임신?

재미있는 사실 하나. 최근의 외신 보도에 따르면, 캐나다의 메모리얼 대학의 앤 스토리 박사는 아내가 임신하면 각종 호르몬 분비량이 크게 변동하는 현상이 남편에서도 나타난다는 사실을 실험으로 확인했다. 이는 아내가 임신하면 남편도 '교감(交感) 임신' 한다는 속설이 사실일 가능성을 높여주고 있다. 출산을 앞두고 있는 부부 34쌍의 혈액 샘플을 분석한 결과, 아내가 출산하기 전 몇 달 동안 남편에게서 코르티솔, 프로락틴, 테스토스테론 등 각종 호르몬 분비량이 급격하게 변했다고 한다. 물론 호르몬 분비량의 변화는 남편보다 아내가 더욱 심했으나 변동 패턴은 비슷했다. 그리고 출산 직후에는 남편에게서 테스토스테론 분비량이 평균 33%나 크게 떨어졌는데, 남성 호르몬인 테스토스테론 분비량이 낮아졌다는 사실은 남자가 부드러운 아버지가 되는 것과 연관이 있다고 스토리 박사는 밝혔다. 아내의 임신·출산과 함께 남편에게서 이러한 변화가 나타나는 이유는 임신한 아내의 태도와 체외 분비 물질인 페로몬이 남편을 자극하기 때문인 것으로 생각되고 있다.

한편 스토리 박사는 아내와 남편들에게 6분 동안 신생아의 울음소리를 녹음 테이프로 들려주고 신생아가 젖을 먹는 장면을 비디오로 보여준 뒤 혈액 검사를 통해 호르몬 분비량의 변화를 측정한 결과 아내와 남편 모두 공격성과 관계가 깊은 코르티솔 분비량이 급격히 떨어진 것으로 나타났다.

아기의 울음 소리에 자신도 모르게 신체가 반응하고, 또한 아내의 임신에 반응해서 남편의 호르몬 수치가 달라지는 것을 보면 자연의 이치란 참 오묘하기도 하다. 아이는 여자 혼자 키우는 것이 아니라 부모가 함께 키우는 것이라는 뜻이 아니겠는가. 자신이 의식하지 않아도 신체에 각인돼 있는 양심이 움직이는 것이 자연의 이치라는데 아직도 '아이는 여자가 키우는 것'이라고 믿는 남자라면 아이를 위해서라도 다시 생각해볼 일이다.

모세의 기적과 진도의 바닷길

"모세가 바다 위로 손을 내어민대 여호와께서 큰 동풍으로 밤새
도록 바닷물을 물러가게 하시니 물이 갈라져 바다가 마른 땅이 된
지라……"(「출애굽기」 14장). 이집트에서 노예 생활로 고통받던 히
브리 백성들을 구해 가나안으로 인도하던 모세가 바다에 길을 연
기적을 묘사한 대목이다. 「십계」나 「이집트의 왕자」 같은 영화에서
는 모세가 지팡이를 들어올렸다 수면에 내리박는 순간, 순식간에 물
길이 열린 것처럼 극적으로 묘사된다. 그러나 사실 모세의 바닷길은
밤새 강하게 분 동풍 덕택에 상당히 천천히 일어난 기적이었다.

썰물 때 드러나는 해저 지형

우리나라 남서 해안에서도 바다가 갈라지는 기적이 종종 관찰된
다. 그 중에서도 전남 진도군 고군면 회동리와 의신면 모도(띠섬)
사이의 바다는 해마다 음력 3월 보름을 지난 대사리 때 바닷길이

드러나는 신비한 현상이 펼쳐져 현대판 모세의 기적으로 불린다. 이것을 해할(海割)이라 하는데, 원리적으로 보면 퇴적으로 쌓인 모래톱이 썰물 때에 드러나는 아주 단순한 현상이다. 경기도 화성군 제부도, 전남 영광의 상하낙월도, 완도의 노화도와 노록도, 전남 여천군 사도, 충남 보령시 무창포, 전북 변산의 하섬 등에서도 이런 현상이 나타난다. 그런데 이곳에서는 너무나 자주 일어나서 진도만큼 주목을 받지 못하고 있을 따름이다.

진도의 해할 현상은 밀물과 썰물의 차가 4m 이상일 때에 일어나는 것으로 알려져 있다. 이 지역의 평균 수심은 5~6m로, 특히 음력 2, 3, 4월과 9, 10, 11월 등 봄가을에 간만의 차가 심할 때 그 현상이 나타나는데, 가을에는 바닷길이 열리는 때가 이른 새벽이어서 일반인이 관찰하기 쉽지 않다. 드러난 바닷길의 너비는 30~40m이며 지속 시간은 1~2시간 정도로 모세가 이끌었던 수만 명 정도의 히브리인들도 쉽게 지나갈 수 있는 규모다. 해할은 육지에서 바다로 바람이 강하게 불면 바다가 열리는 시간이 길어지고 반대 방향으로 불면 짧아진다. 바람의 영향을 많이 받는다는 얘기다.

홍해가 아닌 갈대 바다

그렇다면 모세의 기적도 해할 현상이 아니었을까. 가능성은 충분하다. 여호와가 내린 10가지의 재앙으로 이집트가 초토화되자, 람세스는 마침내 히브리인들을 해방하기로 약속한다. 모세는 히브리인들을 이끌고 가나안을 향했다. 그들이 얌수프yam suph에 이르렀을 때, 모세는 바닷물을 가르는 기적을 행했다. 후대의 유대교 전승에는 통상 얌수프를 홍해라고 하는데, 이는 잘못된 해석이라고 한다. 얌수프는 원래 '갈대(파피루스) 바다'로 번역된다. 이 갈대 바다의 정확한 위치는 수수께끼로 남아 있으나, 많은 학자들은 수에즈 만과 지중해 사이에 있는 얕은 호수나 늪지대였을 것으로 생각하고 있다. 얕은 바닷가의 호수에 강한 바람과 썰물이 겹쳤을 때 평소에 잘 일어나지 않던 해할 현상이 일어났을 가능성이 있는 것이다.

더구나 이 일은 후세에 다시 일어나 해할 현상이었을 가능성을 더하고 있다. 1789년 나폴레옹은 이집트 원정 때 모세와 마찬가지로 육로를 통해 홍해를 건넜다고 전해진다. 물론 이때도 강풍이 불었다. 나폴레옹이 홍해를 건넌 지점이 바로 수에즈와 가까운 얌수프(갈대 바다)로 불리는 곳이었다고 한다. 이곳에서 다른 쪽 해안까지는 1.6km이며 1.5~2.1m에 이르는 조차로 모래톱이 발달해 깊이가 아주 얕다고 한다. 또한 1년 가운데 9개월은 강한 서북풍이 불어 바람의 강도에 따라 간만의 차가 평소보다 90cm 이상 차이가 나기도 한다.

모세는 아마 갈대 바다의 지형과 조석 주기, 기상 특성들을 잘 알고 있었을 가능성이 있다. 모세가 이집트인 감독관을 죽이고 미디안(아라비아 북서부 지역)으로 도망치면서 통과한 곳이 나일 강 유역의 수에즈 만 부근이었다. 그리고 망명 기간에 이곳의 자연 현상에 대해 많은 지식을 쌓았을 가능성이 있다. 그는 언제 해할이 일어날지 미리 알고서 히브리인들을 이곳으로 데리고 왔을 것이다. 히브리인들을 가나안까지 인도하는 데 가장 짧은 경로를 택하지 않고 이리저리 돌아갔던 것도 적당한 고난 후에 기적을 보여줌으로써 히브리인들의 믿음을 강하게 하려고 한 것이라는 주장도 있다.

제갈공명의 연기

사람들이 눈여겨보지 않는 것을 세밀하게 관찰해 이것을 이용하면 기적을 행하는 것으로 신비화되는 일이 많다. 『삼국지』의 적벽 대전에서 바람을 마음대로 부렸던 제갈공명의 일화도 이런 예에 속할 것이다. 적벽에서 오나라군과 촉나라군은 위나라 조조군을 화공으로 격퇴하고자 했으나 조조의 군대 쪽으로 불길을 몰아줄 강력한 동남풍이 없었다. 공명이 길일을 잡아 남병산에 칠성단을 쌓아놓고 주문을 외우자 바라던 동남풍이 불기 시작하고 잠깐 사이에 바람은 더욱 거세졌다. 연환계에 속아 배들을 잇대어 묶어놓고 싸움을 벌이던 조조군은 불길로 초토화되고, 이후 3국의 대결은 소강 상태에 접어들게 된다. 『삼국지』는 동남풍이 분 것을 자연 현상마저 마음대로 부리는 공명의 신비한 능력으로 묘사하고 있지만, 역사가들은 이때 공명의 행동이 다분히 연출된 것이라고 주장한다. 공명이 남쪽 지방에 오래 살면서 계절과 기후를 세밀하게 관찰했고, 동짓달 어느 날에는 이례적으로 동남풍이 분다는 것을 미리 알았다는 것이

다 이 빙

다. 바람의 방향이 바뀔 것이라는 확신 없이 나라의 명운이 걸린 일대 전투에서 화공을 생각한다는 것은 납득하기 어렵다.

앞뒤에 생기는 물 덩어리

심오한 과학 이론 없이도 본질을 정확히 꿰뚫을 수 있는 것이 관찰의 힘이다. 19세기초 다산 정약용은 중력과 조석력의 작용을 전혀 모른 채 관찰만으로 조석 현상의 본질을 알아냈다. 물론 당시까지 조석 현상이 달과 관계가 있다는 것은 널리 알려져 있었지만, 보름달이나 그믐달이나 달의 위상에 관계 없이 하루에 두 번씩 조석이 생겨나는 것은 이해할 수 없는 현상이었다. 달의 작용이라고 한다면 보름달에는 조석이 커야 하고 그믐달에는 조석이 없어야 하지 않겠는가. 그리고 달은 하나인데 왜 조석은 하루에 두 번씩 생기는가 하는 것도 딜레마였다. 오늘날에는 중력과 관성력의 작용을 통해 달과 마주보는 곳과 지구의 반대편에도 물마루가 생겨 지구가 자전하는 하루 동안 두 번의 만조가 된다는 것을 이해할 수 있다.

하지만 중력의 작용을 알 수 없었던 다산은 정확한 관찰을 통해 달과 마주보는 지구의 뒷면에도 물마루가 생겨난다는 생각을 해냈다. 「해조론(海潮論)」에 나오는 조석 현상에 대한 설명이다.

물의 실제 모습은 항상 두 개의 덩어리로 이루어져 있다. 하나는 산 덩어리 같고 다른 하나는 얼음 덩어리 같다. 이 두 가지가 앞서거

니뒤서거니 하면서 항상 달과 함께 대지의 허리 부분을 끝없이 잇따라 돌고 돌아 그치는 때가 없다. 산 덩어리의 형세와 얼음 덩어리의 광채는 그 길이가 몇천 리나 되어서 언제나 대지의 허리 부분을 감돌고 있다. 그런데 대지의 허리 부분에서 멀어질수록 그 여파가 점차 줄어들어 사람들이 살고 있는 항구에까지 이른다.

달은 24시간 50분 만에 지구를 한바퀴 돌므로, 2개의 만조는 12시간 25분에 한 번씩 지구에 밀물을 만든다. 정약용은 조석의 정확한 주기를 관찰하고 지구의 뒷면에도 만조가 생긴다는 것을 알아냈을 뿐만 아니라, 적도에서 고위도 지방으로 갈수록 조석이 줄어든다는 사실까지도 정확히 파악했던 것이다.

뉴턴의 천체역학 이후 많은 학자들이 조석 현상을 연구한 결과 천체역학적으로는 조석 현상이 거의 완전하게 설명된다. 여기에 특정 지역에서의 조석은 지형과 기압, 바람 등에 영향을 받기 때문에 현지에서의 지속적인 관측을 더 해야 한다. 지금은 어느 지역이라도 조석을 2~3cm 이내에서 정확히 예측할 수 있다고 한다. 그러나 이러한 예측은 미묘한 자연의 변화와 변수들을 배제한 이론적인 값일 뿐 수시로 바뀌는 기상 조건에는 상당히 무력하다.

어부들은 오랫동안 그 지역에서 생활해온 경험으로 조석 시간과 높이는 물론, 풍랑과 고기떼의 이동까지도 파악한다. 경험과 관찰의 힘인 것이다. 모세나 제갈공명, 정약용이 위대한 것은 기본적으로 그들의 인간됨과 행적이 그러하겠지만, 그들이 남달리 지녀왔던 자연 관찰의 예리한 눈 때문이기도 하다. "아는 것이 힘"이라는 프랜시스 베이컨의 말처럼 자연은 관찰과 경험의 눈으로 볼 때 그 위대한 힘을 인간에게 더해준다.

달 속의 계수나무와 옥토끼

"푸른 하늘 은하수 하얀 쪽배에 계수나무 한 나무 토끼 한 마리……" 어린 시절부터 불러온 동요의 구절이다. 계수나무와 옥토끼가 산다는 달, 달은 늘 유년의 환상과 동경의 고향이다. 어린 시절 정월 대보름에 쥐불놀이를 하면서 동산 위로 오르는 쟁반만한 대보름달을 맞았던 추억이 있다. 맑은 겨울 하늘에서 휘영청 밝은 달을 보는 것만으로도 즐거운 일이지만, 유독 대보름달은 제일 먼저 바라보는 사람의 소원을 이루어준다는 믿음 때문에 기다려지는 달이었다. 대보름달은 우리에게 그 크기만큼 포근한 마력을 내뿜고 있었다.

보름달은 서양에서도 사람들의 마음속에 깊은 인상으로 자리하고 있다. 그러나 서양에서는 달을 음울한 느낌으로 대한 것 같다. 역사상 많은 정신분석학자들이 달이 정신병과 관련돼 있다고 주장해왔다. 그래서 그런지 영어에서 달을 나타내는 형용사는 루나틱 lunatic인데, 이것은 '미치광이의'라는 뜻의 형용사로도 쓰인다. 보름달이 뜨는 밤에 늑대로 변한 남녀가 가축과 인간을 잡아먹는다는 무서운 이야기는 특히 잘 알려진 서양의 전설이다.

보름날은 살인 사건 조심

미국의 정신의학자 아놀드 리버는 특히 달이 인간의 정서에 영향을 미치는 마력이 있다는 것을 과학적으로 설명하려고 시도했다. 그는 1972년 미국 정신분석학회에 달이 실제로 인간을 비롯한 생물의 행동에 강한 영향을 주고 있다고 보고했다. 보름달이 뜨는 날은 살인과 폭력, 자살 등이 다른 날에 비해 현저하게 많이 일어난다는 통계적인 증거를 제시한 것이다. 그는 달의 인력이 밀물과 썰물을 일으키는 것과 마찬가지로 생체 내의 수분에도 영향을 미쳐 이러한 일이 일어난다고 주장했다.

리버 이전에도 달이 인체에 영향을 준다는 생각은 여러 방면에서 제기됐다. 그 중 28~30일인 여성의 월경 주기는 삭망월의 주기와 같아 달이 임신과 출산에 영향을 준다는 생각은 꽤 널리 퍼져 있었고 지금도 이를 믿는 사람들이 있다. 달이 조석 현상과 관련이 있다는 것은 오랜 옛날부터 경험적으로 잘 알려진 사실이다. 하지만 왜 그러한지 원인을 설명하지는 못했다. 17세기초 천문학자 케플러는 이 원인을 지구와 달 사이의 교감 때문이라고 주장했다. 케플러는 자석이 다른 쇠붙이를 잡아당기는 자기력을 예로 들면서 이와 유사한 힘이 지구와 달 사이를 이어주고 있을 것이라고 설명했다. 그러

보름달이 뜨는 밤 늑대가 울부짖는 이유

나 그것이 실제로 자기력인지에 대해서는 설명하지 못하고 다만 지구의 정령과 달의 정령이 서로 통하고 있다고 생각했다. 중력을 알지 못했던 그로서는 이것이 최선의 설명이었을 것이다. 하지만 갈릴레오는 이를 정신나간 점성술사의 헛소리라고 비난했다.

약초 찧는 옥토끼

셀 수 없이 많은 설화가 달과 관련돼 있는 것을 보면, 달은 참으로 인간의 정서에 특별히 호소하는 면이 있는 것 같다. 예로부터 달에는 계수나무와 옥토끼가 있다고 전해온다. 보름달에 보이는 거무스레한 얼룩이 계수나무라고 생각했던 것이다. 또 옥토끼 두 마리가 번갈아 떡방아를 찧는 모습이라고도 했다.

당나라 때 학자 단성식은 『유양잡조(酉陽雜俎)』라는 책에서 계수나무의 유래를 밝히고 있다. 옛날 중국에 오강(吳剛)이라는 사람이 있었다. 그는 신선술을 배웠으나 잘못해서 옥황상제에게 벌을 받게 됐다. 달에는 큰 계수나무가 한 그루 있었는데, 오강은 달에 유배돼 계수나무를 도끼로 찍어 넘기는 노역을 해야 했다. 그러나 오강이 계수나무를 찍을 때마다 그곳에서는 새살이 자라나서 나무는 영원히 쓰러지지 않았다. 달에 지금도 계수나무가 있는 것은 오강이 아직 나무를 다 베지 못했기 때문이라고 한다.

달에 토끼가 있다는 이야기는 초나라 때 시인 굴원의 시 「천문(天問)」에 나온다. 굴원 이전에는 달에 사는 여신 서왕모를 보위하는 호랑이가 있다고 생각했는데, 굴원이 시에서 호랑이를 토끼로 잘못 쓰면서 토끼로 변했다고 한다. 그 후로 달에는 옥토끼 두 마리가 서왕모를 위해 불로초를 절구에 찧고 있다고 알려지게 됐다.

달에는 또한 불사약을 지키는 두꺼비가 산다고 알려져 있다. 고구려 고분 벽화를 보면 태양에는 다리가 셋 달린 까마귀가 그려져 있고, 달에는 두꺼비가 그려져 있다. 이 두꺼비는 섬여(蟾蜍)라고 불리는데, 그 유래는 다음과 같다. 상아(嫦娥)는 예(羿)의 아내였는데 서왕모에게 불사약을 훔쳐먹고 달로 달아났다. 그리고 달에 몸을 기탁하고 두꺼비가 되었다. 옥토끼와 섬여의 이야기에서 보듯이 달은 불사(不死)의 관념과 관련이 있다. 중국의 신화학자인 하신은 『신의 기원』(동문선)이라는 책에서 달이 이지러졌다가도 다시 밝아지는 것을 불사와 연결시킨 것으로 해석한다.

천상과 지상의 경계

계수나무나 옥토끼, 두꺼비 이야기는 모두 달 표면이 거무스름한 것을 보고 지어낸 이야기다. 오늘날 이것은 달 표면의 지형적인 굴곡 때문에 생긴 그림자 때문이라는 것을 누구나 알고 있다. 그러나 이렇게 설명할 수 있게 된 것은 달을 망원경으로 자세히 볼 수 있게 된 후의 일이다. 근대적인 천문학 지식을 알기 전 우리 선조들은 계수나무 형상을 어떻게 설명했을까.

18세기 실학자인 홍대용의 『의산문답』에 제법 과학적인 설명이 있다. 이 책은 똑똑한 실옹(實翁)이 우둔한 허자(虛子)를 깨우치는 내용으로 돼 있다. 허자가 달 위에 있는 검은 부분이 계수나무인가 묻자, 실옹은 이것이 거울 같은 달에 비친 지구의 그림자라고 설명했다. 기실 이 설명은 주자학을 완성한 송나라의 주희가 생각해낸 것이다. 태양이 네모난 땅을 비추어 땅의 그림자가 달에 계수나무를 만든다는 생각은, 지금 보면 어이없는 일이지만, 그래도 계수나무라고 설명하지 않고 물리적인 설명을 찾았다는 점에서 중요한 착상이었다.

서양에서도 17세기 과학 혁명 이전에는 달 표면에 지형적인 굴곡이 있다는 생각은 하지 못했다. 고대부터 달은 신들이 사는 천상계와 인간이 사는 지상계를 구분하는 경계였다. 때문에 달은 천상계의 물건을 닮아 미끈하고 둥글지만, 한편으로는 지상계의 물건을 닮아 표면에 추한 얼룩이 있다고 생각했다.

1609년 갈릴레오는 망원경을 통해 처음으로 달의 모습을 자세히 보았다. 그의 눈에 비친 달의 모습은 완전하고 미끈한 구가 아니라 곰보 자국이 성성한 모습이었다. 갈릴레오는 달 표면에 나타난 그림자를 재보고, 그것들이 수 km나 되는 거대한 산과 계곡이 만들어내는 그림자라는 것을 알았다. 처음으로 달에도 지구와 같이 산과 계곡이 있다는 것이 알려진 것이다.

그 후 인류는 달을 좀더 잘 알기 위해 많은 장비를 동원하고 심지어 우주선을 보내 달을 탐사해왔다. 인류는 지금까지 14개의 우주선을 달 탐사를 위해 쏘아올릴 정도로 달에게 마음을 빼앗겨왔다. 이제 인류는 달에 설치한 반사경에 전파를 쏘아 달까지의 거리를 cm 단위까지 정확히 알 수 있게 됐다. 특히 1969년 7월 20일 인간은 달에 가 발자국을 남기고 달의 암석을 채취해 돌아왔다. 연이어 여러 사람이 달에 가보았고 달에는 계수나무가 없다는 것을 잘 알게 됐다.

마음 속의 계수나무

그러나 우리가 달에 대해 알고 있는 것은 그리 많지 않다. 달에 물이 있는지, 달에 생명체가 사는지 아직 알지 못한다. 달이 지구의 동반자가 된 내력에 대해서도 그렇다. 최근까지 달 생성에 관해 여러 가지 가설이 나왔으나 무엇 하나 흡족한 것이 없다. 미국과 옛 소련이 경쟁하면서 수많은 탐사를 해왔지만, 현재까지 달의 25%만이 지도로 작성돼 있다. 여전히 달은 미지의 세계인 것이다.

지난 1998년초 발사된 달 탐사 위성 루나프로스펙터에는 슈메이커-레비 혜성을 발견한 행성과학자 슈메이커의 유해가 실려 있었다. 미 항공우주국(NASA)에서는 그의 업적과 달에 대한 애정을 기린다는 의미에서 그의 유해를 달에 뿌리기로 한 것이다. 슈메이커의 유해가 달에 뿌려진다는 소식이 전해지자 장사에 밝은 사람들이 달에 묘지를 만들어주겠다면서 신청자를 모집했다. 유해의 일부를 작은 캡슐에 넣어 우주선에 실은 다음 달로 보내서 이 우주선을 달에 충돌시켜 땅에 박히게 한다는 계획이다. 지금까지 수만 명의 신청자가 몰렸다고 한다.

망원경을 처음 본 사람들은 대부분이 달의 분화구를 보고서 신기해하다가 이내 섭섭해하기도 한다. 더 이상 달에 계수나무와 옥토끼가 살지 않는다는 것을 알아버리고 오랫동안 마음에 담아온 유년의 환상들을 잃어버리는 것이 서운하기 때문이다. 하지만 달에 대한 동경과 환상들은 그리 쉽게 사라지지 않는다. 망원경을 보고 돌아서서도 정월 대보름에는 여전히 달을 보고 소원을 빌고 싶어한다. 죽어서까지 달에 묻히고 싶어하는 사람들의 마음도 이와 다르지 않다. 오강의 도끼 같은 현대 과학이 달을 아무리 찍고 헤쳐도 사람들 마음속의 계수나무는 쉽게 베어지지 않기 때문일 것이다.

동물이 경칩날을 아는 비결

매년 3월 5~6일은 절기로 경칩(驚蟄)이다. 흔히 땅속에 숨은 벌레가 깨어나 활동을 시작하는 날이라고 한다. 올해 달력을 가만히 들여다보면 2월 4일에 입춘, 19일에 우수라 씌어 있고, 3월 5일에 경칩, 20일에 춘분이라 표시돼 있는 것을 알 수 있다. 이들이 예로부터 우리 조상들이 써왔던 절기인데, 실상 계절이 변화하는 것을 표시하는 특별한 날들이다. '24절기'라 해서 절기는 1년에 모두 24개가 있는데, 약 15, 16일 간격으로 하나씩 배치되는 셈이다.

봄 기운에 놀라 깬다는 날

24절기는 옛날부터 써온 것이라는 선입견 때문에 음력에 따라 매겨지는 것으로 생각하는 경향이 있다. 그러나 절기는 본래 양력에 따라 매겨지는 것이다. 양력이란 태양의 움직임을 기준으로 한다는 말이다. 지구는 자전 축이 기울어진 채로 태양 주위를 공전하는데,

이때 지구가 공전 궤도의 어느 위치에 있는가에 따라 계절이 달라진다. 하지만 겉보기에는 태양이 지구 주위를 공전하는 것처럼 보이고, 태양이 어느 위치에 있느냐에 따라 계절이 달라지는 것으로 보인다. 그래서 옛날 사람들은 태양이 움직이면서 고도가 가장 낮은 때를 동지, 가장 높은 때를 하지라 정했다. 그 밖의 다른 절기들은 태양의 궤도를 나누어 차례로 배치했다.

새알죽으로도 불리는 동짓죽을 먹는 날은 늘 12월 21일이거나 22일이고, 낮이 가장 길다는 하지는 6월 21일, 혹은 22일이었던 것을 기억할 수 있을 것이다. 해가 바뀌어도 이 날짜는 거의 변하지 않는 것을 보면 이것이 양력에 바탕하고 있다는 것을 알 수 있다. 해에 따라 하루쯤 차이가 나는 것은 태양 운동이 약간 불규칙하고, 정확한 지점은 분초 단위로 정해지지만 이를 특정 날짜에 배당시켜야 하기 때문이다. 동지의 정확한 시간이 밤 11시 59분이면 오늘이, 0시 1분이면 내일이 동짓날이 된다.

입춘, 춘분과 함께 사람들이 가장 많이 언급하는 봄 절기는 경칩일 것이다. 한자로는 놀랄경(驚), 움츠릴칩(蟄)인데, 뜻 그대로 잔뜩 움츠린 채 겨울잠을 자던 동물들이 봄 기운에 놀라 깨어난다는 뜻이다. 절기에 이런 이름을 붙인 것을 보면 이때쯤 해서 겨울잠에서 깨어나는 동물들이 많기 때문일 것이다. 과연 그럴까?

겨울잠

겨울잠 혹은 동면(冬眠)은 신체가 호르몬의 작용에 따라 호흡과 맥박 수를 줄이고 에너지의 발산을 최대한 억제해서 대사적 적응 상태에 이르게 되는 것이다. 이때 중요한 역할을 하는 물질이 동면 유도체(HIT)인데, 이를 원숭이같이 겨울잠을 자지 않는 동물에 주입하면 동면에 빠진다. 근래 미국의 의사들은 장기 이식 수술에 이 동면 유도 물질을 이용하는 연구를 하고 있다. 이식할 장기에 이 물질을 주입해서 보관하면 장기를 훨씬 건강한 상태로 오래 보관할 수 있음이 확인됐다.

환경의 변화에 따라 동물의 신체에서 먹이로 얻는 에너지량과 활동으로 소모하는 에너지량의 균형이 깨질 것을 알게 되면, 이를 극복하기 위해 동물은 체온을 낮추고 대사를 조절해서 동면이 시작된다. 그러나 신체 내에서 동면 유도 물질이 기능하게 하는 외부 환경 요소가 무엇인지에 대해서는 아직까지 분명히 알려지지 않았다. 온도와 습도, 먹이, 일조 시간 등이 밀접하게 관련돼 있는 것으로 생각된다. 사람이 동면하지 못하는 것은 환경의 변화에도 불구하고 생리적 · 물리적인 적응을 할 수 있기에 따로 동면 기술을 진화시킬 필요가 없었기 때문이다. 동물은 환경에 자유자재로 적응하지 못하므로 활동을 최대한 줄이고 어려운 시기를 넘기려 하는 것이다.

생물의 동면을 결정하는 인자 중에서 온도는 매우 중요하다. 하지만 이상 기온이 있듯이 기온은 변덕이 심해서 생물체가 속는 일이 많다. 흔히 '미친 개나리'라고 해서 제철도 아닌데 날씨가 조금 따뜻하다고 꽃을 피웠다가 날씨가 추워져 얼어 죽는 일이 종종 있다. 이상 기온에 속기는 동물들도 마찬가지다. 겨울이 되었는데도 날씨가 춥지 않아 벌레들이 다시 나왔다가 얼어 죽기도 한다.

하지만 위험은 날씨에 적응하지 못하고 얼어 죽는 것만이 아니다. 동면에 들어가기 위해서는 신체를 특정한 상태로 만들어야 하므로 이 과정에서 많은 에너지가 필요하다. 또 동면에서 깨어나는 것도 에너지 소모가 매우 많다. 박쥐의 경우 동면하는 동안 이를 방해해서 깨우면 다시 동면에 들어가더라도 대다수는 깨어나지 못하고 죽어버린다. 잠시나마 동면에서 깨어나면서 에너지를 너무 많이 소모해버리기 때문이다.

이런 위험을 피하려면 날씨의 변덕에 구애를 받지 않고 조금 더 정확한 스케줄에 따라 동면에 들어가고 깨어날 필요가 있다. 일부 동물들은 계절 변화에 맞추어진 생체 시계나, 일광 주기를 동면의 신호로 사용한다는 것이 밝혀졌다. 다람쥐를 컴컴한 방안에 가두고 온도를 3°C 정도로 유지해주었을 때 1년을 주기로 겨울잠을 되풀이했다.

일광 주기는 특히 곤충들에게 동면의 가장 중요한 신호라는 것이 밝혀졌다. 일광 주기는 지구의 운동에 따른 규칙적인 계절 변화의 지표일 뿐 아니라 온도·습도, 먹이의 양 등이 모두 이에 관련돼 있다. 일시적인 이상 기온이 생기더라도 밤낮의 길이는 태양의 운동에 따라 일정하게 늘어나고 줄어들므로 정확한 시계가 될 수 있다. 때문에 일광 주기를 겨울잠의 신호로 삼는 것은 가장 안전한 방법이다. 매년 경칩날은 낮의 길이가 11시간 30분 근처다. 곤충들은 매년 종일 볕이 드는 시간이 이만큼 되면 경칩이 왔음을 아는 것이다.

인공 동면은 가능할까

과학자들은 동물들이 동면 시 체온이 내려가고 대사량이 급격히 줄면서도 생명은 계속 유지된다는 점에 착안해 사람에게도 인공적으로 동면을 유도하는 연구를 진행하고 있다. 아직 동물들의 동면 상태만큼 완전한 기술은 나오지 못했지만 제한적으로 인간도 동면이 가능하다. 심장 수술에서 쓰이고 있는 저체온 수술법도 인공 동면 기술의 일종이다.

체온이 30°C 안팎으로 떨어지면 심장 박동이 정지하고, 18~20°C에서는 뇌의 대사 기능도 거의 멈추는 '순환 정지 상태'에 이르게 된다. 특히 체온이 20°C가 되면 인체 대사에 필요한 산소 공급이 불필요하기 때문에 '심장은 뛰지 않는데 살아 있는' 일종의 가사 상태가 된다. 이때는 수술을 하는 동안 피가 순환하지 않아도 세포가 쉬이 죽지 않는다. 때문에 피를 전혀 흘리지 않고 깨끗이 수술을 할 수 있다.

그러나 아직까지 이러한 동면 상태를 상당 시간 지속시키지는 못한다. 20°C 이하의 저체온 상태에서도 일정 시간이 지나면 뇌와 심장, 간 등 인체의 주요 장기의 세포들이 손상되거나 죽어버리기 때문이다. 현재까지 20°C 정도의 저체온 수술에서 약 1시간 정도가 안전한 시간이라고 한다. 만일 여러 가지 제약들을 극복하고 저온 상태에서 완벽하게 대사 조절이 가능해진다면 인간의 인공 동면도 먼 미래의 일만은 아니다. 그러면 동면 상태로 머나먼 우주 여행을 떠나는 공상 과학 영화가 현실이 될지도 모른다.

사람들은 동물의 겨울잠을 조용한 휴식 정도로 여기는 일이 많다. 처소에 틀어박혀 외부 활동을 전혀 안 할 때 곤충들의 겨울잠을 본떠 '칩거'라는 말을 쓴다. 그러나 동물들의 겨울잠은 휴식이 아니라 치열한 생존력을 발휘해야 하는 고통스런 과정이다. 개구리, 뱀 등은 겨울 동안 얼지 않을 곳을 찾아 몸을 웅크린 채 인내하며 봄을 기다린다. 만일 기온이 떨어져 0°C 이하로 내려가면 여지없이 얼어 죽고 마는 위험 속을 통과하는 것이다. 곰은 겨울잠을 자는 대표적인 동물로 알려져 있지만 먹이가 충분하고 기온이 따뜻하면 겨울잠을 자지 않는다. 동물에게 겨울잠은 피할 수만 있다면 피하고 싶은 혹독한 과정이기 때문이다.

누구에게나 동물들의 겨울잠만큼이나 혹독한 시련들이 있게 마련이다. 어쨌거나 혹독한 나날을 겪고 있는 사람들에게 동물들이 가르쳐주는 지혜 하나. 꿀벌들은 추운 날에는 떼를 이루어 서로의 체온을 모아 겨울을 견딘다고 한다.

눈 오는 날 강아지는 왜 행복할까

지난 시절 빛 바랜 연애 편지의 한 줄. "첫눈이 오면 이제 사랑을 이루는 일만 남았군요." 첫눈은 과연 무엇이기에 나는 그것에 그토록 아름다운 의미를 부여했을까. 해의 첫눈이란 늘 고난하고 한스런 시간을 덮어버리고 다시 하얀 시작이기 때문일까? 첫눈, 첫만남, 첫사랑…… 처음이란 늘 가슴이 시린 추억과 싱그러움이기 때문일까?

강아지 세상

첫눈이 오면 사랑의 소원을 비는 일말고도 할 일이 많다. 우선 첫눈을 받아먹으면 눈이 밝아지고, 첫눈으로 세수를 하면 얼굴이 희어진다고 한다. 모두가 눈의 흰색에서 연상된 주술이겠지만, 첫눈을 세 번 집어먹으면 1년 동안 감기가 얼씬못한다는 속설처럼 추위를 피하지 않는 삶의 생기가 새삼 아름답다.

첫눈뿐만 아니라 눈은 다 반갑다. 눈은 순식간에 일상의 풍경을 덮어버리고 새로운 천지를 개벽한다. 또한 고요를 머금은 포근함과 이국의 풍광이 그 속에 있다. 강아지들 또한 눈이 오면 팔짝팔짝 뛰면서 어쩔 줄을 모른다. 학자들에 따르면, 강아지는 눈 자체보다는 눈이 올 때의 세상 풍경이 이채롭기 때문에 까불거린다고 한다. 개들의 눈은, 녹색과 검은 회색은 일부 알아본다고 하지만, 거의 완전한 색맹이다. 망막에 명암을 구분하는 간상체는 많지만 색깔을 구분하는 추상체가 매우 적어, 개들의 눈에는 세상이 온통 검은색과 흰색의 흑백 사진처럼 보인다. 게다가 이들은 근시라서 먼 곳의 물체를 잘 식별하지 못하지만 움직임에는 대단히 민감하다. 해가 가려진 우중충한 날씨에 눈이 오면 개들에게는 컴컴한 배경에 새하얀 눈송이가 불똥처럼 흩날려 대단히 자극적인 풍경이 된다. 개들의 까불거림이 실제로 즐거워서 그러는 것인지, 그저 생소하게 보이기 때문인지는 확실하지 않지만, 흰 눈이 만들어낸 생경한 풍경에 개들도 마음이 움직이는 것만은 사람과 매한가지다.

꽃잎이 부서지듯

어느 먼—곳의 그리운 소식이기에

이 한밤 소리 없이 흩날리느뇨

처마끝에 호롱불 여위어가며

서글픈 옛 자췬 양 흰 눈이 내려

하이얀 입김 절로 가슴이 메어
마음 허공에 등불을 켜고
내 홀로 밤 깊어 뜰에 나리면
먼─곳에 여인의 옷 벗는 소리

김광균의 시 「설야(雪夜)」의 일부다. 사라락사라락 눈 내리는 소리를 먼 곳에 여인의 옷 벗는 소리라고 했으니 참으로 절묘한 표현이다. 그런데 가만히 따져보면, 그 소리의 정체는 바로 눈의 결정 구조에 숨어 있다. 눈 결정의 크기는 보통 2mm 정도로, 돋보기로 보면 자세한 구조를 쉽게 관찰할 수 있다. 눈 모양이라고 하면 흔히 가지가 여섯 개 난 별 모양을 연상하지만, 눈에는 이러한 정규육화형 외에도 바늘 모양, 기둥 모양, 장구 모양, 콩알같이 둥근 모양, 불규칙한 입체 모양, 꽃잎이 열둘인 십이화형 등 수십 가지의 다른 결정이 있고, 좀더 세밀하게 분류하면 3천 종이 넘는 다양한 모양이 있다.

이들은 눈이 형성되는 대기층의 온도와 기압, 수증기 양에 따라 각기 다른 모양으로 성장한다. 먼지 같은 응결핵이 없는 맑은 수증기는 온도가 영하로 내려가더라도 얼지 않고 과냉각 상태를 유지한다. 여기에 먼지 입자들이 유입되면 이를 응결핵으로 해서 급격히 얼음 결정이 성장해 눈이 된다. 기온이 영하 30°C보다 낮은 차가운 공기에서는 기둥 모양 같은 단순한 모양이 많이 만들어지고 결정이 크게 성장하지 못한 채 싸락눈이 된다. 반면 영하 15°C 근처의 상대적으로 따뜻한 공기에서 형성된 눈은 주로 예쁜 별 모양이나 꽃 모양 결정이 만들어지고, 결정들이 주변의 결정과 결합하면서 더욱 성장해 함박눈을 만든다. 그러나 함박눈 송이는 결정들이 단단하게 뭉쳐 있지 못하고 엉성하게 끝을 맞대고 붙어 있다. 이들이 땅에 닿으면서 결정이 부서지고, 먼저 내린 눈의 결정을 부수고 하면서 사라락사라락 하는 소리를 내는 것이다.

그러므로 여인의 옷 벗는 소리가 들리는 때는 틀림없이 함박눈이 내리는 밤이다. 옛 속담에 "가루눈이 오면 춥고, 함박눈이 오면 포근하다"고 했다. 이는 각각의 눈이 형성되는 대기층이 눈이 온 후의 기온 변화에 어떻게 영향을 미치는지 알려준다. 싸락눈은 기온이 낮은 한랭한 공기에서 만들어지므로 눈이 온 다음 더 추워진다. 반면 함박눈은 기온이 상대적으로 높은 공기에서 만들어지므로, 함박눈이 오면 포근해진다. 또한 함박눈이 내리는 밤에는 대기가 안정돼 있기 때문에 바람이 쌩쌩 불고 들이치는 일 없이 고요함 속에서 눈 내리는 소리를 들을 수 있는 것이다. 만일 싸락눈이 내리는 혹한의 밤이었다면 이러한 시는 씌어지지 못했을 것이다.

차진 눈으로 눈싸움을

눈이 온 다음날 아이들에게는 눈싸움이 거의 필수다. 그런데 눈

발자국

싸움을 하다 보면 어떤 눈은 잘 뭉쳐지고 어떤 것은 잘 뭉쳐지지 않는다. 이는 눈에 섞인 수분의 차이 때문이다. 물기가 많은 눈은 단단하게 잘 뭉쳐지지만, 물기가 없이 푸석푸석한 눈은 잘 뭉쳐지지 않는다. 그래서 갓 온 눈이라도 함박눈은 잘 뭉쳐지고 싸락눈은 그렇지 못하다. 싸락눈으로는 순식간에 눈덩이를 많이 만들 수 없을뿐더러, 쉬이 부서져버리므로 적군을 맞춰봐야 별로 타격을 주지 못한다. 해서 아예 눈 뭉치를 물에 살짝 담그거나 눈 뭉치 안에 조그만 돌멩이를 넣는 요령꾼들도 있는데, 이는 위험한 반칙이다. 눈싸움은 모름지기 눈처럼 하얗게 정정당당히 싸워야 한다.

그러니 우선 양지쪽을 점령해야 차진 눈으로 눈 뭉치를 빨리 만들고 단단하게 만들 수 있다. 양지의 눈은 햇볕에 살짝 녹아 수분이 많기 때문이다. 양지와 음지가 잘 구별되지 않을 때는 눈을 밟아보면 알 수 있다. 싸락눈이 쌓인 곳은 푸석푸석 하는 소리가 나고 발자국이 깨끗하게 찍히지 않는다. 그러나 함박눈이 쌓였거나, 약간 녹아서 물기가 있는 차진 눈을 밟으면 포드득 소리가 경쾌하게 나면서 발자국이 선명하게 찍힌다.

눈사람을 만들 때도 차진 눈을 써야 한다. 이런 눈은 굴릴 때마다 땅바닥이 곱게 드러나도록 잘 뭉쳐져서 처음에는 주먹만한 눈덩이가 금세 사람 키만큼 커지는 것을 경험할 수 있다. 그래서 작은 것이 순식간에 불어날 때 "눈덩이처럼 불어난다"고 한다. 지면에 10cm의 눈이 쌓였다고 하면, 눈을 한바퀴 굴릴 때마다 지름은 20cm씩 증가한다. 5바퀴면 지름 1m의 눈덩이가 되고, 10바퀴만 굴

리면 지름 2m의 거대한 눈덩이가 돼 말 그대로 '눈덩이처럼 불어 난다.'

"응달 토끼는 살아도 양달 토끼는 못 산다"는 겨울철 속담이 있다. 양달의 토끼는 건너편 응달을 보고 아직도 눈이 녹지 않은 한겨울인 줄 알고서 움직이지 않지만, 응달의 토끼는 반대편 양달에 눈이 녹은 것을 보고 봄이 왔다고 생각해 부지런히 먹이를 찾아 나선다. 그래서 응달 토끼는 먹을 것을 찾을 수 있지만, 양달 토끼는 오히려 굶어 죽는다. 양지바른 곳에 사는 사람들이 자신의 환경에 만족하며 안주하는 반면, 오히려 고난 속에 있는 사람들이 희망을 갖고 열심히 살아간다는 교훈이다. 눈 오는 날 음미해야 할 깨달음의 한시 한 수.

踏雪野中去 눈 덮인 들판 가는데
不須胡亂行 아무렇게나 가지 말지어다
今日我行跡 오늘 나의 발자국이
遂作後人程 뒷사람의 이정표가 되리니

곰의 변신과 마리아의 수태

환웅께서는 쑥 한 단과 마늘 스무 쪽을 주시면서 말했다. "너희가 그것을 먹고 백 날 동안 햇빛을 보지 않으면 사람의 모습으로 될 수 있을 것이다." 곰과 호랑이는 그것을 먹었다. 21일 동안 금기를 지키자 곰은 여자의 몸이 되었다. 〔……〕 웅녀는 혼인할 사람이 없어서 늘 신단수 아래서 아기를 배게 해달라고 빌었다. 환웅은 임시로 사람으로 변해 웅녀와 혼인하고 아들을 낳았으니 이가 곧 단군왕검이다. (『삼국유사』, 권 1 고조선)

마리아가 천사에게 말하되 "나는 사내를 알지 못하니 어찌 이 일이 있으리까." 천사가 대답하여 가로되 "성령이 네게 임하시고 지극히 높으신 이의 능력이 너를 덮으시리니 이러므로 나실 바 거룩한 자는 하나님의 아들이라 일컬으리라. 보라 네 친족 엘리사벳도 늙어서 아들을 배었느니라. 본래 수태하지 못한다 하던 이가 이미 여섯 달이나 되었나니 대저 하나님의 모든 말씀은 능치 못하심이 없느니

라.”(「누가 복음」, 1장 34~37절)

곰이 변해서 사람이 되고 아이까지 낳았다는 것이나 남자와 정을 통하지 않고 동정녀가 무염수태(無染受胎)했다는 이야기는 상식적으로 이치에 닿지 않는다. 기독교인들은 성경의 무염수태가 사실이라고 믿지만, 보통 사람들은 이러한 이야기를 모두 믿어지지 않는 신비한 이야기, 그래서 신화(神話)라 부른다. 『삼국유사』에서 일연 스님은 “새로운 임금이 나실 때는 하늘이 표시를 내려 그가 남다르다는 것을 보여주려는 것”이라고 이런 신화가 지어진 내력을 풀이했다. 그러나 아무리 기발하고 상상을 절하는 이야기라 해도 요즘같이 유전공학이 발달한 시대에는 이해할 만하고 가능하기도 할 것 같다. 사람이 달나라에 가는 것처럼 과학이 발달하면서 있을 것 같지 않은 일들이 있을 듯한 이야기가 되는 것이다.

마늘과 쑥으로 유전자 재조합?

유전자를 하나의 세포에서 다른 세포로 운반해주는 ‘플라스미드’라는 조그만 DNA 사슬이 있다. 이것은 종이 다른 세포간에도 유전 형질을 전달할 수 있어서 유전자 재조합 기술에서 매우 특별하고 유용한 요소다. 또한 오늘날에는 유전자 발현을 통제할 수 있어서 특정 유전 정보가 선택적으로 발현되도록 할 수 있다. 이러한 유전공학적인 기술을 이용하면 간 기능을 담당하는 세포를 심장 기능을 담당하는 세포로 바꾸기도 하고 젖소에서 사람 젖을 생산할 수도 있다. 물론 아직도 이미 성체에서 기능이 분화된 세포들의 기능을 바꾸는 일은 상당히 어려운 일이지만 배 발생 단계에서 유전자에 조작을 가하면 얼마든지 원래 정해진 것과 다른 기능을 하는 세포를 만들어낼 수 있다.

어떠한 장기로도 발전할 수 있는 가능성을 가지면서 아직 분화되지 않은 세포를 줄기 세포stem cell(간세포라고도 함)라고 부르는데, 오늘날의 유전공학자들은 이 간세포를 이용해서 필요한 장기를 만들고, 면역 거부 반응이 없는 이식용 장기를 만들어내는 연구를 진행하고 있다. 하지만 이러한 연구는 수정란이 일정 정도 자란 배아 단계의 세포를 대상으로 하기 때문에 여러 가지 윤리적인 문제가 지적되고 있다. 동물의 배아를 가지고 실험을 하는 것은 문제가 없으나, 사람의 경우 배아를 인간으로 본다면 이는 엄연히 인체 실험이 되고, 또 실험 도중 배아를 죽이는 일이 있으므로 살인이 된다.

윤리적인 문제는 뒤로 미루고 이러한 연구 성과를 통해 단군 신화를 다시 보면 어떨까. 마늘과 쑥, 그리고 햇빛 차단 등의 요소가 유전공학적인 작용을 해서 곰 세포의 유전자가 사람의 유전자로 변환됐다고 보면 어떨까. 쑥은 향기가 강해 세계 여러 문화권에서 정화력(淨化力)을 상징하는 식물로 유명하다. 서양 중세에는 쑥이 마귀와 병을 쫓는 힘이 있다고 생각했다. 일부 아프리카 원주민들은 쑥을 초경을 보이는 여성의 성년식에 사용한다고 한다. 그리스에서는 출산의 여신인 에일레이튜이아에게 쑥이 바쳐졌다. 민간에 알려

웅녀의 비애

진 쑥의 여러 효능 중에는 안태(安胎), 생리 불순 치료의 효능도 포함된다. 마늘 또한 득남을 상징했다. 마늘쪽이 여러 개로 갈라진 것은 다남(多男)을 상징하는데, 동양화에서 정물화 격인 기명절지도(器皿折枝圖)에 마늘이 그려진 것은 이 때문이었다.

이와 같이 여러 문화권에서 공통적으로 인식된 것처럼, 쑥과 마늘에는 항균 능력과 비타민 합성 능력 등 과학적으로 규명된 효능 외에도 생식과 관계 있는 어떤 미지의 작용력이 있을지도 모른다. 이것을 먹고 곰에게 유전자적인 변화가 일어났을 수 있다고 생각해 보면 지나친 상상일까.

현대에 유전공학으로 탄생하는 슈퍼 쥐, 슈퍼 젖소, 그리고 복합 동물의 형질을 지닌 하이브리드(잡종)는 모두 이러한 유전자적인 변형을 거친 것들이다. 그렇다면 인간의 기술과 이해가 아직 미치지 못할 뿐, 과학이 더욱 발달하면 곰의 겉모습이 사람으로 변하고, 곰에게서 사람이 태어나는 일도 그리 신비한 일은 아닐 수 있는 것이다.

남자 없이 임신하는 무염수태

마리아의 무염수태는 어떠한가. 사실 무염수태에 관한 이야기는 마리아가 처음은 아니다. 옛날 중국의 전설 시대에 복희(伏羲)씨는 어머니가 무지개 빛에 감긴 후에 임신돼 낳았고, 주나라 시조 후직(后稷)은 어머니가 대인의 발자국을 밟고 임신해서 낳았다고 한다.

오래 전부터 위대한 탄생임을 드러내기 위해 세속적인 정염의 개입을 없앤 무염수태를 상정해왔던 것이다. 그러나 당시에는 무염수태가 불가사의한 신성을 보여주는 것이었겠지만 지금은 이것도 이해할 수 있는 일이 돼가고 있다.

서울대 수의학과 황우석 교수에 따르면, 동물에게는 단성 생식이라는 현상이 오래 전부터 관찰돼왔다. 수컷과 암컷의 결합 없이 부모의 한쪽에서만 모든 유전자를 받아 자식이 태어나는 것이다. 진딧물이 단성 생식을 하는 대표적인 예이며 꿀벌·물벼룩, 육상의 도마뱀류에서도 이 현상이 관찰된다. 심지어 포유류까지 단성 생식을 한다는 보고가 있었다. 피임제 개발의 선구자였던 그레고리 핀커스 박사는 1930년대초에 포유동물인 쥐에게 인공적으로 단성 생식을 유도했다고 보고했다. 암컷 쥐가 수컷과 수정하지 않고 곧바로 새끼를 밴 것이다. 그러나 누구도 재현 실험에 성공하지 못해 학계에서 공식적으로 인정을 받지는 못했다.

극소수지만 사람에서도 단성 생식이 일어난다는 주장도 있다. 2차 대전 중 독일에서 한 여성이 폭격을 당한 후 성교 없이 임신한 사례가 있었다. 이 여자는 딸을 낳았는데, 외모에서부터 성격에 이르기까지 엄마와 너무나 유사했다. 학자들은 폭격 당시의 충격이 생식 기전에 변화를 유발해 단성 생식체를 만들어낸 것이 아닌가 추측했다.

그렇다면 복희씨나 후직처럼 어머니가 무지개에 휩싸여 임신했다거나 발자국을 밟고 임신했다는, 여성이 남성 없이 아이를 뱄다는 이야기는 더 이상 신비한 이야기가 아닐 수 있다. 그리고 일부 성급한 사람들의 주장처럼 성모 마리아의 무염수태도 단성 생식으로 설명될지도 모를 일이다.

과학이 설명 못 하는 것

그러나 모든 인간의 단성 생식체들은 정자와 수정되지 않고 곧바로 여성 난자에서 유래되므로 반드시 여성이어야 한다. 남성 염색체인 Y염색체는 정상적인 수정이 일어날 때 남자의 정자에서 얻어지는 것이다. 복희, 후직, 예수가 단성 생식체라면 이들은 모두 여성이어야 하는데 과학은 아직 여기까지는 설명하지 못하고 있다.

단군왕검과 예수의 탄생이 과학으로 완전히 설명되는 날 신화는 하나의 에피소드에 지나지 않게 될지도 모른다. 그러나 곰에게서 인간의 유전자 재조합이 가능하고 인간에게 단성 생식이 가능하다고 할지라도 신화가 과학으로 대체되기에는 아직 많은 것이 남아 있는 것 같다. 지킬 박사가 하이드로 변하는 것과 「미녀와 야수」에서 인간이 야수로 변하는 것, 「인어 공주」에서처럼 인어가 사람으로 변하는 것이 과학적으로 가능하다고 해도, 우리에게는 그 이야기 속에서 읽어야 할 또 다른 무엇이 있기 때문이다.

인간을 원죄에서 구하려는 성령의 사랑이 없었다면 마리아의 무염수태가 무슨 의미가 있을까. 널리 인간을 복되게 하려는 홍익 인간의 이념이 없었다면 웅녀의 변신이 무에 그리 신비할 것인가. 야

수를 왕자로 변하게 한 공주의 눈물이 소금기가 약간 있는 한 방울
의 H_2O임을 안 다음에도 과학으로 설명할 수 없는 사랑이라는 것
이 있기 때문에 우리는 행복한 것이 아닐까.

공동 묘지의 도깨비불

신라 26대 진평왕의 선왕인 진지왕은 죽은 후 혼령이 돼 생전에 좋아하던 도화녀(桃花女)와 관계해 비형(鼻荊)이라는 아들을 낳았다. 비형이 15세에 이르자 밤마다 귀신들과 놀러 다닌다는 소문이 있었다. 진평왕은 비형의 기행을 듣고 그에게 신원사 북쪽에 다리를 놓게 했다. 비형은 귀신 무리를 동원해 하룻밤 사이에 다리를 완성했다. 어느 날 귀신들 중 하나가 여우로 변해 달아나버리자 비형은 이를 잡아 죽였다. 이때부터 귀신들이 비형의 이름을 두려워하게 됐다. 또한 민가에서는 비형이 귀신을 꾸짖는 글을 붙여놓고 귀신을 쫓았다.

『삼국유사』의 비형 이야기는 우리나라 도깨비 이야기의 원조로 꼽힌다. 도깨비는 하룻밤 사이에 다리를 뚝딱 놓는 신통력이 있다. 또한 우리 민족에게 도깨비는 나쁜 귀신을 쫓아주는 고맙고 친근한 존재다. 조상들은 문고리 장식을 비롯한 각종의 생활 도구에 도깨비 문양을 새겨 악귀를 쫓았다. 절이나 궁궐의 석물이나 난간, 자물

쇠, 문고리 등에서는 무섭고도 익살스러운 모습을 한 도깨비를 많이 볼 수 있다. 또한 도깨비를 따라가 도깨비방망이를 얻어 부자가 됐다는 이야기이며, 욕심 많은 혹부리 영감이 도깨비를 속이려다가 혹을 하나 더 붙였다는 이야기들은 누구에게나 친근하다.

인화 수소의 자연 발화

도깨비 이야기에서 빼놓을 수 없는 것이 도깨비불이다. 성현의 『용재총화』에도 도깨비불 이야기가 나온다. "사방을 둘러보아도 아무도 없더니 동쪽에서 불이 비치고 떠들썩하여 사냥꾼들이 사냥하는 것 같았다. 그 기세가 점점 가까워지면서 좌우를 뼁 두른 것이 5리나 되는데 모두 도깨비불이었다. 〔……〕 하늘은 흐려 비가 조금씩 부슬부슬 내리고 있었다." 아무도 없는 산길, 비가 부슬부슬 내리는 날, 도깨비불이 나타난다. 하나가 여럿으로 흩어졌다 빙 돌다가 위아래로 흔들리고 다시 합쳐졌다가 쫓아가면 이내 사라져버린다. 도깨비에 홀려 씨름을 하다 깨어보니 빗자루를 안고 있었다는 이야기며, 도깨비를 넘어뜨렸더니 부지깽이였다는 이야기에도 도깨비불 이야기가 곁들여진다.

으스스한 도깨비불을 과학에서는 어떻게 볼까. 가장 먼저 제기되는 것이 인화설이다. 인(P)의 자연 발화를 도깨비불로 착각했다는 것이다. 인 화합물인 인화 수소류(PH_3, P_2H_4 등)는 공기 중에서 쉽게 자연 발화된다. 서울 숭문고 교사인 전석천 선생님은 도깨비불이 더운 여름날 상한 고기나 썩은 수풀에서 순간적으로 인 화합물이 피어올라 불이 붙는 현상이 아닐까 설명한다. 그는 어두운 방에서 인의 자연 발화를 실제로 재현해보이기도 했다. 액체로 된 인화수소는 보통 온도에서도 저절로 불이 붙는다. 어둠 속에서 인화 수소 수용액을 스프레이로 뿌려주면 흡사 도깨비불 같다. 사람의 시체가 썩었을 때도 인화 수소가 생기는데, 이것이 무덤 주변에 도깨비불이 나타나는 이유일 수 있다.

오줌 끓이다 발견

이인호 교수가 지은 『입체로 읽는 화학: 원소 발견의 역사』(자작나무)에 따르면, 인은 1669년 독일의 브란트가 연금술을 시험하는 도중 발견했다고 한다. 그는 오줌을 증발시키고 난 걸쭉한 액체에 모래와 숯을 넣고 강하게 가열했다. 그러자 바닥에 남은 물질은 공기 중에서 흰 연기를 내면서 불이 붙었다. 또한 이 물질은 어둠 속에서도 환하게 빛을 내 책을 읽을 수 있을 정도였다. 브란트는 인의 자연 발화와 인광 현상을 관찰한 것이다.

인광 현상은 인 원자 속의 전자가 빛과 열을 받아 들뜬 상태가 된 후 매우 천천히 원래의 궤도로 돌아오기 때문에 생긴다. 형광과 인광이 다른 것은 빛의 지속 시간이다. 형광 물질은 전자가 들뜬 상태가 된 후 곧바로 떨어져 주변의 빛이 없어지면 더 이상 빛이 나지 않는다. 그러나 인광 물질은 전자가 매우 천천히 떨어지므로 주변

도깨비와 씨름하기

의 빛이 사라져도 오랫동안 빛을 낼 수가 있다. 어둠 속에서도 야광 시계를 볼 수 있는 것은 인광을 내는 물질이 발라져 있기 때문이다.

브란트는 인의 제조법을 비밀로 하고, 사람들에게 돈을 받고 인광을 보여주어 부자가 됐다. 도깨비방망이를 얻어 부자가 됐다는 실례가 아닐까. 자연 발화와 인광 현상이 널리 알려지기 전, 인은 많은 사기꾼과 사이비 종교 지도자들에게도 이용됐다. 밀랍이나 파라핀에 인을 섞어 글을 써놓고, 밤중에 사람들에게 보여줌으로써 신의 계시라거나 지도자의 신통력이라고 속이는 일이 많았다. 아무것도 모르는 사람들은 도깨비에 홀린 기분이었다. 1742년 마르그라프라는 사람이 좀더 완성된 인 제조법을 발견해 세상에 공표함으로써 인으로 돈벌이하는 일은 없어졌다고 한다.

푸르스름한 차가운 빛

서강대 화학과 이덕환 교수는 도깨비불을 설명하는 이론으로 인의 자연 발화보다는 인광 현상에 무게를 둔다. 도깨비불은 한번 나타난 곳에서 자주 출몰한다. 이는 인 가루가 타 없어지지 않고 계속 남아 있으면서 밤에 인광을 내는 일이 반복되기 때문이라는 것이다. 또한 인광은 온도가 올라가지 않으면서도 빛이 나는 차가운 빛(냉광)이다. 민속학자 김종대 박사가 채록한 도깨비불 목격담에서도 많은 목격자들이 도깨비불이 푸르스름한 색깔의 차가운 불빛이라고 했다. 일본의 민요에서도 “도깨비불의 창백한 기미가……” 하

며 도깨비불을 차가운 불로 묘사했다. 이런 증거들을 보면 도깨비
불은 무엇을 태우는 불이 아니라 차갑게 빛나는 인광일 가능성이
높다. 또한 도깨비불은 하나가 여럿이 되고 다시 합쳐지는 등 변화
를 보이는 일이 많은데, 이것도 인 가루가 바람에 날리면서 섞이고
흩어지는 것으로 설명할 수 있다.

생선을 건조시키는 과정에서도 때에 따라 인광이 나는 수가 있다
고 한다. 홍어, 오징어 등을 삭혀 말리면 표면에서 인이 생겨 밤에
윤곽이 보일 정도로 인광이 나오는 경우가 있다. 세포 자체가 인 성
분을 포함하고 있기 때문이다. 특히 사람의 뼈에 인이 많이 함유돼
있는데 이장한 무덤이나 공동묘지에서 도깨비불이 많이 나타나는
것은 이와 관계가 있는 것으로 보인다.

손때 묻은 부지깽이

인광설 외에도 지금까지 도깨비불을 설명하는 이론은 여럿 제시
됐다. 어떤 사람은 인화보다는 메탄에 의한 발화설을 제시한다. 시
체나 식물이 썩어서 생긴 메탄이 땅속에서 솟아오르면서 자연적으
로 불이 붙어 음산한 빛을 낸다는 것이다. 이런 경우는 동식물이 부
패하기 쉬운 늪지대에서 볼 수 있다. 정전기 현상도 원인으로 거론
된다. 상태가 다른 공기층이 겹치면서 고압의 정전기 스파크가 일
어날 때 도깨비불로 보일 수 있다는 것이다. 그러나 불이 여럿으로
갈라졌다가 다시 합쳐지는 변화 무쌍한 도깨비불을 정전기로 설명

할 수 있는지 의문이다.

또 하나의 설명이 빛의 이상 굴절에 의한 신기루 현상이다. 빛은 밀도가 다른 공기층을 통과하면서 이상 굴절 현상이 일어나 여러 가지 이상한 모양으로 찌그러지기도 하고 나누어지기도 한다. 먼 곳의 불빛이 밀도가 다른 대기층을 통과하면서 불규칙하게 굴절돼 도깨비불로 보인다는 것이다. 이러한 이상 굴절 현상은 영국의 유명한 네스 호의 괴물을 과학적으로 설명할 때도 동원되는 이론이다. 파도가 만드는 물결이 수면에 비치거나 수면 부근의 공기층에 굴절돼 괴물 형상으로 보인다는 것이다.

아직 어느 이론도 완벽하지는 않지만, 머지않아 과학의 도움으로 도깨비불의 정체가 밝혀지게 될 것이다. 그러나 그것이 과학적으로 설명된다고 해서 도깨비까지 사라지지는 말았으면 하는 마음이다. 손때 묻은 물건이 도깨비로 변하는 즐거운 상상을 과학의 시대라고 포기하고 싶지 않기 때문이다. 이익은 『성호사설』에서 이렇게 말했다. "사물이 오래된 것은 그 기도 오랜 것이므로 귀신의 기와 감응하기 쉽다. 〔……〕 도깨비도 아마 이렇게 생긴 것이 아닌가 짐작된다." 빗자루·부지깽이·멍석·절구·메주·주걱·짚신·도리깨 등이 모두 도깨비가 될 수 있는 오래도록 손때 묻은 물건들이다. 한데, 지금 내 주변에는 도깨비가 될 만큼 오래 쓴 물건이 있는가.

진시황의 불로초는 가능한가

십장생. 세상에서 가장 오래 산다는 열 가지 물건이다. 해·달·산·돌·물·구름·학·사슴·거북·불로초(영지)·대나무·소나무 등이 그것이다. 열두 가지나 되는 것은 해와 산, 학과 거북, 소나무와 대나무는 대체로 공통이지만 사슴·달·돌·물·구름은 사람과 지역에 따라 꼽는 데 차이가 있기 때문이다. 우리 조상들은 이들을 그림에 그리거나 이불에 수를 놓거나 장롱에 자개를 놓아 장수를 기원했다.

최장수 거북은 이백 살

우선 십장생에 들어 있는 생물들의 실제 수명을 따져보자. 사슴의 수명은 보통 30년을 넘지 못한다. 노루는 10~12년, 돼지사슴 15~17년, 꽃사슴 15년, 엘크사슴 22년, 붉은사슴 15년일 뿐이다. 천연기념물 202호인 학의 다른 이름은 두루미다. 수명은 보통

40~50년 정도로 알려져 있다. 미국의 동물원에서 사육 상태로 비교적 오래 살았다는 기록이 55년이고, 지금까지 기록된 최고 수명은 86년이다. 소나무에 둥지를 틀며, 흔히 학으로 착각하는 황새는 20년이 고작이다.

거북이는 보통 백 년 넘게 사는 장수 동물로 알려져 있다. 우리나라의 민물에서 보이는 남생이는 보통 120~130년을 산다. 코끼리거북은 수명이 길기로 유명한데 약 180년을 사는 것으로 알려져 있다. 그러나 확인할 수 있는 기록은 별로 없다. 1776년에 아프리카에서 프랑스 탐험가에 의해 잡힌 황소거북은 1918년까지 사육 상태에서 152년을 살았고, 잡힐 당시에도 성체였던 것으로 미루어 약 2백년을 산 것으로 추정된다.

소나무는 보통 3백~5백 년 정도 자란다. 미국 캘리포니아의 모하비 사막에 사는 브리스틀콘소나무는 최장수의 생명체로 유명하다. 1964년 죽은 나무의 나이테를 확인한 결과 4,844개의 나이테가 확인됐다. 확인되지 않은 나이테까지 포함한다면 5천 년 이상을 살았을 것으로 추정된다. 대나무는 평생 한 번 꽃을 피우고 열매를 맺으면 죽는다. 보통 60년 주기로 꽃이 핀다. 불로초가 무엇인가에 대해서는 많은 설이 있지만 흔히 영지버섯이라고 여겨진다. 영지버섯의 실제 생장은 여름 한 철 2개월 정도일 뿐으로 포자를 만들어 번식하면 죽는다. 십장생 중에서 수명이 가장 짧은 셈이다.

오랜 옛날에도 "인생칠십고래희(人生七十古來稀)"라는 말이 있는 것을 보면 드물기는 했지만 70세 넘게 산 사람이 있었던 모양이다. 또한 나이를 나타내는 단어로 미수(米壽, 88세), 망백(望百, 91세), 백수(白壽, 99세)가 있는 것도 드물지만 백 세 정도까지 산 사람이 있었던 것을 말해준다. 최근 세계보건기구가 집계한 사람의 평균 수명은 66세이다. 그리고 현재 인류 중에서 최장수하고 있는 사람은 약 120세로 보고되고 있다. 의술의 발달, 건강 관리, 식생활 향상 등으로 인간의 수명은 계속 늘고 있다. 학자들은 인간의 최대 수명이 약 150세까지 늘 것으로 전망하고 있다. 단순한 수명만으로 보면 사람의 수명은 사슴 · 학 · 대나무 · 영지보다 길고, 거북에 근접하는 것이다. 십장생의 생물 중에서 사람보다 더 장수하는 것은 거북이와 소나무만 남은 셈이다. 이제는 거꾸로 십장생이 인간에게 장수를 빌어야 할 입장이다.

그러나 십장생은 대부분 그 생물학적인 수명보다는 그것이 지니는 의미 때문에 십장생으로 여겨진 것이 많다. 소나무와 대나무는 상록수라는 점에서 영생과 불변을 상징하고, 대나무는 강한 번식력을 갖고 있어 십장생에 포함된 듯하다. 또한 사슴도 흔히 자연에 사는 동물이 아니라 신선이 길렀다는 상상 속의 동물인 기린이라는 설이 있다. 영지는 약효가 영험하기 때문에 취해진 듯하다. 한방에서는 영지가 강장에 효능이 있어 젊어지는 영약으로 불린다. 이 버섯은 갓 자루가 단단한 각질로 싸여 있고 오래 두어도 변하지 않아 일본에서는 만년 버섯으로 불린다.

텔로미어, 불로장수의 열쇠?

무엇이 인간을 늙게 하는가의 문제는 인류의 오랜 숙제였다. 진화학자들은 노화는 유전과 환경적 요인이 결합한 다양한 요인에 따라 나타난다고 보았다. 유전자가 관계된다고 하더라도 여러 유전자가 복합적으로 작용해 그 메커니즘을 밝히기가 상당히 어려울 것으로 예상된다. 불로장생의 문으로 들어서는 열쇠는 하나일 수가 없다는 얘기다. 한편 세계의 장수 마을이나 장수인들의 생활 습관이나 환경을 연구해서 장수의 꿈을 이루려는 노력이 이러한 생각에서 이루어지고 있다. 학자들은 식이 요법을 통해 과도한 칼로리 섭취를 줄이면 약 30%의 수명 연장 효과를 거둘 수 있다고 말한다.

이에 반해 분자생물학자들은 노화의 근원이 유전자에 있다는 생각으로 유전자 연구에 매달려왔다. 1980년대 초반 노화를 일으키는 메커니즘으로 텔로미어 가설이 제기되면서 유전자에 의한 노화 이론은 전기를 맞았다. 인간의 세포는 평생 동안 50~100번 분열한다. 염색체의 양쪽 끝 부분에는 염색체를 보호하는 뚜껑 구실을 하는 텔로미어라는 것이 붙어 있다. 이것은 세포가 분열할 때마다 조금씩 닳아 없어진다. 텔로미어가 어느 한도 이상 짧아지면 세포는 분열을 멈추고 노화가 시작된다. 텔로미어는 세포의 수명을 가름하

장유유서

는 수명 시계인 셈이다.

그런데 최근 텔로미어가 짧아졌더라도 텔로머라제라는 효소가 분비되면 텔로미어의 길이를 원상으로 회복시켜 세포가 분열을 계속한다는 것이 밝혀졌다. 학계는 이제 불로장생의 꿈이 실현될 날이 얼마 남지 않은 것이라며 흥분하고 있다. 텔로미어의 길이를 일정 정도 이상으로 유지시키거나 원상 회복시킬 수 있다면 노화를 막을 수 있을 것으로 기대되기 때문이다.

모든 세포는 애초부터 텔로머라제를 생산할 수 있는 유전자를 타고난다. 그런데 보통의 성장한 세포에서는 이 유전자가 발현되지 않는다. 다만 암세포에서는 이 유전자가 재발현해서 세포가 무한정 분열하는 것이다. 학자들의 연구는 보통 세포에서 사라진 텔로머라제를 어떻게 다시 만들어낼 것인가에 집중되고 있다.

그러나 회의론도 만만치 않다. 일부 학자들은 시험관에서 실험한 세포의 노화와 인체 내에서 조직 세포의 노화는 매우 다르다고 주장한다. 또한 인체 세포의 텔로미어는 2백 년을 넘게 살 수 있을 만큼 충분히 길기 때문에 텔로미어가 모든 열쇠를 쥐고 있다는 것은 터무니없다는 주장도 있다.

진정한 불로장생

불로장수는 인간의 보편적인 욕구다. 시황제가 천하를 통일한 후 신선과 불로초를 찾아오도록 명했던 일이며, 동방삭이 한 무제의 복숭아를 훔쳐먹고 3천 갑자를 살았다는 설화며, 우리 조상들이 집 안 곳곳에 십장생을 그려두고 기원했던 것들이 모두 불로장수의 염원에 닿아 있다. 그러나 예로부터 참다운 장생은 불로초를 먹는 것으로 완성된다고 믿지 않았다. 마찬가지로 현대의 유전자 연구도 참된 장생을 가져다 주지 못할 것이라는 생각이다.

도가에서는 불로장생을 추구했지만, 신선의 경지는 생명 연장이 아니라 세상의 도를 깨우치고 삶과 죽음을 초탈한 경지였다. 우리 조상들이 십장생에 생물뿐 아니라 해·달·돌·물·구름·산과 같은 자연물을 넣었던 이유가 무엇이었을까. 십장생의 영험으로 그저 목숨을 늘이고자 하는 것이 아니라 변함없는 자연의 영원성을 배우고자 했던 것은 아닐까. 삶의 무질서 너머에 있는 불변의 영원성, 그것을 볼 수 있는 사람이라면 그는 이미 죽음이라는 인간 숙명의 한계로부터 벗어난 것이리라.

솔잎 넣고 송편을 찌는 뜻은

추석 전날에 온 가족이 둘러앉아 송편을 빚는데, 처녀 총각들은 여간 정성이 아니다. 왜 그런고 하니 송편을 예쁘게 만들면 배우자가 예쁘고, 볼품없이 빚으면 신랑 신부 될 사람의 미모도 볼품이 없다는 어른들의 말 때문이다. 이는 "밤에 손톱 깎으면 복 달아난다"는 말처럼 그러지 않는 것이 좋다는 걸 자연스레 가르치려는 어른들의 지혜일 것이다. 과학적으로 송편의 태깔과 배우자의 미모가 무슨 관련이 있을 것인가. 다만 송편 하나라도 정성으로 빚어내는 심성이라면 절세가인(絶世佳人)인들 어울리지 않으랴.

또 임신한 부인들은 송편에 솔잎 한 가닥을 가로로 넣어 쪘다. 이 송편은 아이의 성별을 알려주는 삼신할머니의 메시지였다. 찐 송편을 한쪽으로 베어물어, 문 부분이 솔잎의 끝 쪽이면 아들이요, 잎 꼭지 쪽이면 딸이라고 했다. 솔잎이 과학적인 성별 진단 시약은 아니었지만, 아들 못 낳으면 겪게 될 시집살이가 두려웠기 때문이 아니었을는지. 송편에 담아놓은 우리 조상들의 사연이 이렇듯 소박하고 안타까웠다.

세균 죽이는 솔잎 향

송편을 찔 때는 솔잎을 먼저 시루에 깔아 시루 구멍을 덮고 그 위에 송편을 한 줄 놓는다. 다시 솔잎 한 줄 송편 한 줄 하면서 차곡차곡 놓는다. 아마도 송편의 '송' 자가 소나무송(松)인 이유가 솔잎을 넣고 찌기 때문일 것이다. 그런데 향긋한 솔잎 향을 배게 해서 맛깔을 더해보려는 지혜쯤으로 생각돼왔던 솔잎 송편이 기실 더 깊은 과학에 바탕하고 있었다는 것이 최근에야 밝혀졌다.

국민대 김기원 교수(산림자원학과)에 따르면, 식물은 다른 미생물로부터 자기 몸을 방어하기 위해 여러 가지 살균 물질을 발산하는데, 이를 통칭해 피톤치드phytoncide라고 한다. 피톤치드는 공기 중의 세균이나 곰팡이를 죽이고, 해충·잡초 등이 식물을 침해하는 것을 방지한다. 또한 인간에 해로운 병원균을 없애기도 하는데, 백일해 병실 바닥에 전나무 잎을 흩어놓았더니 공기 중의 세균 양이 1/10까지 감소됐다는 보고가 있다. 그리고 결핵균이나 대장균이 섞여 있는 물방울 옆에 상수리나무의 신선한 잎을 놓으니, 몇 분 후 이 세균들이 모두 죽어버렸다고 한다.

우리 조상들이 싱싱함을 보존하기 위해 생선회를 무채 위에 담고, 구더기를 없애려고 화장실에 할미꽃 뿌리나 쑥을 걸어두고, 바퀴벌레를 쫓기 위해 은행나무 잎을 집 안 구석에 두었던 것들도 알고 보면 모두 피톤치드를 이용한 지혜였다. 그러니 솔잎으로부터 피톤치드를 빨아들인 송편에는 세균이 범접하지 못해 오래도록 부패하지 않고 먹을 수 있었으니, 실로 과학적인 원리를 잘 이용한 것이 솔잎 송편이었던 것이다.

숲속의 많은 나무들이 저마다 피톤치드를 내는데, 그 중에서 소나무는 보통 나무보다 10배 정도나 강하게 발산한다고 한다. 옛 어른들이 "퇴비는 소나무 근처에서 만들지 않는다"고 한 것도 소나무의 항균 작용이 너무 강해 퇴비에 유익한 미생물까지 죽여버리기 때문이다. 송편 시루에 다른 잎이 아닌 소나무 잎이 들어간 이유를 알 수 있을 것이다.

나쁜 귀신은 접근 못 해

그렇다면 소나무가 예로부터 잡귀를 쫓는 정화의 상징으로 생각돼왔던 이유도 석연해진다. 제사를 지내는 신당은 물론, 제수를 준비하는 제각, 공동 우물, 마을 어귀 등에는 금줄을 치는데, 금줄에는 백지 조각이나 소나무 가지를 꺾어 꿰어둔다. 아이를 낳았다는 표시로 치는 금줄에도, 장을 담글 때 장독에도 솔가지가 꿰어졌고, 무덤 가에 빙 둘러 도래솔을 심은 뜻도 모두 잡귀의 침입과 부정을 막으려는 것이었다. 홍만선의 『산림경제』에 "집 주위에 소나무와 대나무를 심으면, 생기가 돌고 속기(俗氣)를 물리칠 수 있다"고 한 것도 같은 의미에서였다. 그리스 신화에서는 솔방울을 쥐고 있던

소 나 무

디오니소스가 괴물 타이탄에게 먹혔다가 다시 소생하는데, 서양에서도 소나무가 잡스러움을 물리치는 정화의 힘과 생식을 상징한 것은 흥미로운 일이다.

피톤치드는 특히 편백나무·잣나무·소나무 등 침엽수에서 많이 발산되는데, 향기가 좋고, 살균성·살충성이 있을 뿐 아니라, 인체에 독특한 작용을 한다. 피톤치드에는 $C_{10}H_{16}$, $C_{16}H_{24}$, $C_{24}H_{32}$ 등 테르펜으로 통칭되는 다양한 화학 성분들이 복합돼 있어 이들이 진통 작용·구충 작용·항생 작용·혈압 강하·살충 작용·진정 작용 등을 하는 것으로 밝혀졌다. 테르펜은 사람의 자율 신경을 자극하고, 성격을 안정시키며, 내분비를 촉진할 뿐만 아니라, 감각 계통의 조정 및 정신 집중 등에 좋은 작용을 하는 숲속의 보약이라고도 불린다. 김기원 교수에 따르면, 테르펜이 동물의 스트레스와 관련된 몸 속의 코르티솔의 농도를 현저하게 낮춰주는 효과가 있는 것이 실험으로 확인됐다고 한다.

그러니 환자들의 요양소가 왜 늘 숲속이나 숲에서 가까운 곳에 있어야 하는지도 설명이 된다. 중년의 어른들이 부르는 유행가 중에 "아무도 날 찾는 이 없는 외로운 이 산장에/〔……〕/병들어 쓰라린 가슴을 부여안고/나 홀로 재생의 길 찾으며 외로이 살아가네" 하는 「산장의 여인」이라는 노래가 있다. 와병 중인 노래의 주인공이 왜 '산장'의 여인일 수밖에 없는지, 그리고 머물렀던 산장 주변에는 분명히 소나무가 많았을 것은 짐작하고도 남음이 있다.

테르펜 성분을 많이 내는 소나무는 그 쓰임새가 참으로 많다. 도가나 불가의 선식(仙食)에는 솔잎이 필수품이었다. 선승들이 좌선 수행을 할 때 종종 다른 음식은 전혀 먹지 않고 솔잎 가루와 콩 가루를 섞은 것을 한줌 털어넣고 물만 마시는데, 그래도 몸이 가벼워지고, 머리가 맑아지며, 힘이 생기고, 추위와 배고픔도 모른다고 한다. 신경통이나 풍증을 치료할 때는 한증막에 솔잎을 깔고 솔잎 땀을 흘린다. 특히 솔잎이나 솔뿌리를 삶은 물로 목욕을 하면 젊어진다고 하는데, 혹자는 이것이 솔잎에 함유된 옥시팔티민이라는 성분 때문이라고 한다. 예로부터 소나무숲의 샘물은 불로묘약이라 해서 임금님의 수라상까지 올랐던 것도 그 때문이 아닐지 모르겠다.

사람들 중에도 소나무와 마찬가지로 강한 인품의 향으로 다른 사람을 치료하는 경우가 있다. 그 사람의 마음과 삶을 대하면 온갖 나태와 불의가 소독되고 정화되는 그런 사람. 이 가을에는 솔잎 송편처럼 향기로운 사람을 만나보자. 그리고 숲에서는 피톤치드의 신속한 작용을 성마르게 기대하지 않고 늘 숲과 친하게 지내는 것이 중요하듯이, 자신의 변화도 향기 있는 사람과의 지속적인 교감 속에서 새싹처럼 움트는 것이 아닐까.

여인의 봉숭아물이 더 진해지는 까닭은

우리나라의 어느 여성치고 손톱에 봉숭아물 들이기에 얽힌 추억이 없는 사람은 없을 것이다. 봉숭아는 보통 4월에서 8월까지 꽃이 피는데, 늦된 녀석들은 9월에도 한참을 더 핀다. 봉숭아 꽃잎을 따서 곱게 찧고, 백반(명반석)을 조금 섞은 다음, 이를 손톱에 고르게 편다. 그런 다음 꽃잎이 흘러내리지 않도록 명주실로 잘 감는다. 이때 봉숭아물은 손톱에만 들지 않고 손톱 주변까지 퍼지게 마련인데, 성마른 사람들을 이것이 귀찮아서 도중에 그만두어버리기도 한다. 조심성이 많은 새침데기들은 먼저 반창고나 셀로판 테이프로 손톱 주변을 붙이고 물을 들이기도 하지만, 아무튼 손톱 주변까지 붉은 물이 드는 것은 쉬 어쩌지 못한다. 그러나 손톱 주변에 들었던 물은 빨래를 하면 금세 지워지고 손톱의 물만 남아 깨끗한 색을 얻을 수 있다.

일설에는 손톱에 봉숭아물을 들이면 마취가 안 된다고 하는데, 이는 속설일 뿐이다. 얼굴에 핏기가 없으면 "어디 아픈 것 같다"는 진단을 누구나 할 수 있는 것처럼 손톱을 보면 건강 상태를 어느 정도 짐작할 수 있다. 손톱 색이 불그스름하게 윤기가 나면 건강한 것이고, 반대로 거칠고 갈라지거나 반달 무늬가 선명하지 않으면 병이 있는 것이다. 한의사들은 특히 손톱이 간 기능을 살피는 지표가 된다고 한다.

드물기는 하지만 병원에서는 수술을 하는 도중이나 수술 후 환자가 깨어나기 전에 혈액 순환 상태를 손톱의 색깔을 보고 확인하는 경우가 있는데, 아마도 이 때문에 속설이 생겨난 듯하다. 지금은 첨단 장비를 써서 정밀하게 환자의 상태를 볼 수 있지만, 그래도 간단히 환자의 상태를 파악할 수 있기에 요즘에도 손톱을 보는 일이 있다. 손톱을 손끝으로 눌렀다가 놓았을 때 재빨리 핏기가 돌면 혈액 순환이 정상적이지만, 그렇지 않으면 혈액이 신체의 말단부까지 잘 순환되지 않는다고 볼 수 있다. 만일 피를 너무 많이 흘려 손톱 색이 제대로 돌아오지 않으면 급히 수혈을 해야 한다.

병원에서는 수술 도중 환자의 혈액 순환 상태를 손톱으로 확인하기 위해 환자를 마취하기 전에 손톱의 매니큐어를 지우도록 한다. 매니큐어를 지우는 간호사를 보면서 환자나 가족들이 왜 매니큐어를 지우는지 묻는다. 간호사는 얼른 귀찮은 마음에 "마취가 안 되니

까요" 하고 답해버렸다.

공자는 이렇게 말했다. "백성에게 무엇을 시킬 수는 있어도 알게 하기는 어렵다." 깨우치기 어렵고 알 필요도 없는 것을 백성에게 가르치려 하기보다 그저 목적대로 하게 하면 된다는 것이다. 간호사는 혈액 순환이니 손톱 확인이니 하는 것을 보호자에게 장황하게 설명하며 시간을 뺏기는 것보다 수술 도중 손톱으로 혈액 순환을 확인하고 수술을 잘 마치는 것이 중요하다는 공자의 말을 실천한 셈이다. 그런데 매니큐어는 아세톤으로 쉬 지워지지만, 봉숭아물은 잘 지워지지 않는다. 간호사의 말을 들은 사람들은 잘 지워지지 않는 봉숭아물 때문에 마취가 안 되면 어쩌나 하는 마음을 주변에 퍼뜨린 셈이다.

마귀를 쫓는 봉숭아

기실 봉숭아는 마취가 아닌 마귀(魔鬼)와 관계된다. 예로부터 봉숭아는 몸에 침입하는 나쁜 병 기운을 막아주는 수호신이었다. 중국에서는 봉숭아가 작물을 병충해로부터 막아준다고 생각해 수박밭이나 참외밭 곳곳에 봉숭아를 심었다고 한다. 평안도 지방에서 밭둑 가에 봉숭아를 심는 풍습도 이와 관계가 있다. 또한 우리 조상들은 집 안에 침범하는 악귀나 병귀를 막으려는 뜻으로 울타리 밑에 봉숭아를 심었다. 장독대에 봉숭아뿐만 아니라 분꽃 등을 심은 것도 이 꽃들이 뱀이나 해충들을 막아준다는 생각 때문이었다. 꽃의 붉은색과 향기를 해충들이 피한다는 생각이었다. 그렇다면 홍난파의 「봉선화」가 일제 시대에 널리 불려졌던 것도 봉숭아를 통해 일본이라는 마귀를 막아보려는 소박한 민초들의 저항 정신 때문은 아니었을까.

『동국세시기』에 따르면 봉숭아물은 어린아이들이 남녀 할 것 없이 모두 들였다고 한다. 최영전씨는 『한국의 민속 식물』에서 봉숭아물 들이기가 의학이 발달하지 못한 시절에 아이들의 병마를 막고자 하는 귀신을 쫓는 풍습에서 유래한 것이라고 썼다. 오늘날에는 여성들이 매력적으로 보이기 위한 방편으로 여기지만, 봉숭아물 들이기는 그 출발이 예뻐지기 위한 것은 아니었던 것이다.

그러나 봉숭아물 들이기 풍습이 언제부터 시작됐는지는 정확치 않다. 다만 고려 후기 충선왕 때에 봉숭아물 들이기와 관련한 고사가 있고, 이 풍습이 '흰옷'처럼 우리나라를 대표하는 것으로 여겨졌던 것으로 보아 상당히 오래된 풍습임을 알 수 있다. 충선왕은 말년에 고국에 돌아가지 못하고 원나라에서 실의의 나날을 보내고 있었다. 어느 날 맑은 가야금 소리가 나 이를 따라가보니, 앞을 못 보는 한 소녀가 피 흘리는 손으로 가야금을 타고 있었다. 충선왕이 다가가 묻자, 그녀는 고국을 잊지 않으려고 봉숭아물을 들이고 있노라고 말했다. 벌써 고려 시대에 봉숭아물 들이기는 우리 민족의 전통 풍습이었던 셈이다.

염료는 꽃보다 잎에 많아

옛날 거북이를 닮은 산 아래에 한 여인이 살고 있었다. 더위에도 늘 현숙한 자태를 잃지 않았던 그녀는 해마다 가을이 조금씩 피어날 무렵 봉숭아 잎사귀를 따다가 손톱을 물들였다. 그때마다 그녀는 울 가에서 봉숭아 잎을 찧고, 실을 가져와라, 소금을 넣어라, 네 것이 예쁘니 내 것이 예쁘니 동생들과 소란하던 유년의 풍경도 함께 물들였다. 그리고 어른이 돼서도 해마다 변함없이 물드는 그녀의 약지와 새끼손가락은 웬일인지 한층 붉어지는 느낌이었다.

지금 생각해보면 이 여인은 참으로 현명한 사람이었는데, 그것은 그녀가 봉숭아꽃이 아닌 잎으로만 봉숭아물을 들였다는 점이다. 흔히 봉숭아물은 꽃을 따서 들이는 것으로만 알고 있는데, 봉숭아물을 들이는 염료 성분은 사실 꽃보다는 잎사귀에 많이 있다. 여인은 이를 알고 있었던 것이다. 푸른 잎사귀에서 붉은빛이 나온다니 참으로 자연의 조화란 오묘한 것이다.

염료의 색은 그것을 뽑아내는 원식물의 색과 다른 경우가 많다. 쪽빛처럼 진한 푸른빛이 초록색 잎을 가진 쪽이라는 식물에서 나오리라는 상상은 하기 어렵다. 봉숭아물을 흰색이나 연한 분홍색으로 들이겠다고 흰 꽃이나 분홍 꽃으로 들여봐도 붉은색이 나온다. 원래의 염료 성분이 다른 것에 묻혀 있다가 성분을 분리함으로써 비로소 색이 나타나는 것인지, 아니면 원염료에 매염제가 결합해서 색이 달라지는 것인지 아직 알 수 없다. 해마다 여인들의 가슴을 설

마취

레게 하는 염료임에도 불구하고 봉숭아 염료는 연구가 잘돼 있지 않다. 봉숭아물은 착색이 잘되지 않아 섬유에 들이게 되면 쉽게 바래서 널리 이용하기에는 적당치 않은 염료이기 때문에 애초에 연구 대상에서 빠진 듯하다.

그리움이 더해진 붉은빛

원리적으로 보면 봉숭아물은 잎이나 꽃에 있는 염료 성분이 매염제 역할을 하는 백반이나 소금과 결합해 손톱에 착색되는 것이다. 매염제는 일반적으로 수용성 금속염류인 경우가 많은데, 봉숭아물을 들일 때 쓰는 백반은 알루미늄염을 함유하고 있고, 소금은 나트륨염을 가지고 있다. 염료는 일반적으로 섬유나 기타 물질에 잘 붙지 않기 때문에 금속염을 지닌 매염제에 결합시켜 착색시킨다. 여러 번 물을 들이면 더욱 진해지고 고와지는 것도 염료가 표면에 골고루 퍼지고 많은 양이 착색되기 때문이다.

서울대 김재필 교수(섬유고분자공학과)에 따르면, 염료는 보통 화학적으로 이중 결합과 단일 결합이 6~7개 반복적으로 연결된 공핵이중계가 있을 때 가시 영역의 색상을 띤다고 한다. 원자나 분자들이 결합하면서 물질의 구조가 달라지고 전자 분포가 조금씩 변해 색상이 나타나는 것이다. 미시적으로 보면 염료 물질 내부에서 원자와 분자들의 전자가 궤도를 바꾸면서 에너지를 흡수하고 방출하기 때문에 색상이 난다.

흔히 첫눈이 올 때까지 봉숭아물이 사라지지 않으면 사랑이 이루어진다고 한다. 아마도 손톱 끝의 붉은색 봉숭아물이 사랑을 기다리는 마음을 늘 되새기게 하기 때문일 것이다. 그리고 봉숭아 빛은 시장에서 단번에 살 수 있는 색이 아니라, 소란스런 유년을 통과하고, 단발머리 소녀 적 꿈길을 지나오며, 해마다 들였던 추억의 빛이 더해지기 때문일 것이다.

봄볕 아래 생각하는 시어머니와 며느리

시어머니와 며느리 사이를 고부간(姑婦間)이라 하는데, 이 말은 늘 갈등을 떠올리게 한다. "때리는 시어미보다는 말리는 시누이가 더 밉다" "시어미 미워서 개 배때기 찬다"는 며느리 입장에서 나온 말이지만, "며느리가 미우면 손자까지 밉다" "며느리 시앗(남편의 첩)은 열도 귀엽다"는 시어머니의 마음을 표현했던 속담들이다.

학자들은 한국 사회에서 특히 강한 고부 갈등은 남성 중심적인 사회에서 삶의 의미를 아들에게 두고 있는 어머니가 아들을 빼앗아 간 며느리에게 느끼는 적대감에서 비롯된다고 설명한다. 또한 곳간 열쇠로 상징되는 가정의 운영권이 며느리에게 넘어가는 데 대한 상실감, 아들을 가운데 두고 한 남성을 차지하려는 여성으로서의 경쟁 심리를 원인으로 들기도 한다. 고부 갈등 때문에 이혼까지 하는 부부가 있는가 하면, 아들을 이성적인 애정의 대상으로까지 여기고 집착했던 한 어머니가 벌인 잔혹한 살인 사건을 다룬 「올가미」라는 영화까지 등장하는 판이다.

폐경기 호르몬 변화도 한몫

근래에는 고부 갈등이 폐경기에 이른 시어머니의 신체적인 변화와도 크게 관련 있다는 생물학적 원인론이 제기되기도 한다. 여성은 평균 50세를 전후해서 생리가 멈추는 폐경기에 이르게 되는데, 이때는 여성 호르몬 분비가 급격히 감소하면서 각종 갱년기 증후군에 시달린다. 폐경기에 이르면 여성들은 잠이 안 오고 괜히 불안하며 짜증이 난다고 호소하는 일이 많다. 보통 며느리를 보는 시기가 이때와 일치하는데, 때문에 시어머니는 자기 내부의 호르몬 변화에 따른 심리적 불안감을 며느리에게 투사한다는 것이다. 이는 우리와 다른 문화적 특성을 지닌 서양 사회에서도 고부 갈등이 많이 나타나는 이유를 어느 정도 설명해준다.

생물학자들에 따르면, 오랜 옛날 인간의 수명은 50세보다 훨씬 짧았다고 한다. 석기 시대의 여성들은 폐경기가 오기 전에 죽음을 맞았다. 문명의 발달과 더불어 영양 공급이 원활해지고 수명이 늘어나면서 시어머니들은 폐경이라는 당혹스런 변화를 맞닥뜨리고, 자신보다 젊고 건강한 며느리에게 이 당혹감을 투사하게 됐던 것이다.

그러나 다른 학자들은 폐경이 수명이 길어지면서 경험하게 된 생리 현상이 아니라 2세의 생존율을 높이려는 진화적 장치라고 설명한다. 인간은 새끼가 독립하기까지 돌봐주는 시간이 길다. 그래서 자식을 낳은 부모가 너무 늙거나, 자식을 낳자마자 곧 죽게 된다면 자식을 제대로 키울 수가 없고, 2세의 생존율은 그만큼 낮아질 수밖에 없다. 때문에 너무 늙거나 죽음에 임박해서 자식을 낳지 않으려는 진화적인 전략이 폐경을 만들어냈다는 것이다.

폐경의 이유야 어찌 됐건 집안 경제의 주도권 싸움, 아들의 사랑을 차지하려는 사랑 싸움, 그리고 다른 2세를 생산할 능력을 잃어버린 시어머니의 생물학적 한계에서 오는 심리적 불안감까지 고부 갈등의 근원은 참으로 깊은 것 같다.

봄볕에 많은 자외선

"봄볕은 며느리 쪼이고 가을볕은 딸 쪼인다"는 말이 있다. 봄은 새싹에 내려앉는 따사로운 햇살을 받으며 나들이하고 싶은 계절이다. 그런데 며느리를 미워하는 시어머니로서는 그 좋은 봄 햇살을 딸에게 주려고 할 텐데, 봄 햇살은 며느리에게 양보하고 오히려 딸에게는 가을 햇살을 권한다. 겨우내 찬물에 설거지하며 고생한 며느리에 대한 선량한 시어머니들의 배려인가?

아니다. 예뻐하고 시샘하는 것도 자연의 이치를 알아야 한다. 오늘날 과학의 눈으로 보면 우리의 시어머니들은 며느리는 미워했지만 정말로 자연의 이치를 잘 아는 사람들이었다. 시어머니가 봄볕을 며느리에 양보했던 것은 봄 햇살에 많은 자외선 때문이었다는 것을 최근의 연구를 통해 알 수 있다. 자외선은 가시 광선보다 파장이 짧아 3천 9백~1백 Å ($1 Å = 10^{-8}$ cm) 범위의 파장을 갖는데, 표백 작용이 매우 강해 염료 등으로 물들인 색깔 옷을 바래게 하기도 한

미덕의 책

다. 옷을 햇볕에 오래 말리면 색깔이 바래는 것도 이 때문이다. 또한 자외선은 살균력이 뛰어나 각종 식기나 의류의 살균에도 이용된다. 가정에서 쓰는 자외선 칫솔 소독기가 이 원리를 이용한 것이다. 흔히 구릿빛 피부가 건강미를 상징하듯이 적당량의 자외선은 피부 소독 효과가 있어 사람의 몸에도 좋다. 하지만 너무 많은 자외선은 살갗의 세포를 태워 검게 만든다. 또한 자외선에 노출되면 기미 주근깨 등의 잡티도 짙어진다. 너무 많은 자외선은 예뻐지기를 바라는 여성들에게는 치명적인 것이다.

연세대 조희구 교수의 관측에 따르면, 서울 지방의 자외선 양은 4월에 급격하게 높아져 7월에 최고에 달했다가 9월을 고비로 급격하게 떨어진다. 포항 지역에서 측정한 기상청의 결과도 마찬가지였다. 그리고 전체적으로 우리나라에서 봄철의 자외선 양은 가을철의 자외선 양보다 훨씬 많은 것이 확인됐다. 가을보다는 봄에 살이 많이 탄다는 것이 과학적으로 입증된 것이다. 우리의 시어머니들이 봄볕을 며느리에게 양보한 이유가 여기 있었다. 봄 햇살에 며느리의 살이 타서 미워지라는 것이다.

"며느리 새움에 발꿈치 희어진다"고 했다. 며느리가 밉고 시새워서 빨래만 시키지만, 오히려 그 바람에 며느리의 발꿈치가 희어지니, 시어머니의 구박이 보람이 없게 되었다는 말이다. 요즈음 여성들은 살결이 희고 고운 것보다 갈색으로 그을려 건강미가 넘치는 것을 더 좋아한다. 햇빛이 조금만 나면 야외 수영장이나 잔디밭에서 살을 태우며 벌거벗고 누워 있는 여자들을 많이 보게 된다. 그렇

지 않아도 살을 태워야 할 판에 시어머니가 햇살 좋은 봄볕에 내보
내준다면 얼마나 좋을 것인가.

인류가 만든 위험한 봄 햇살

하지만 지금 우리는 좋아만 하기엔 너무 위험한 햇볕을 받고 있
다. 지구 대기의 위층인 성층권(지상 11~50km)에는 오존층이 존
재한다. 이 오존은 태양으로부터 오는 대부분의 자외선을 흡수하고
시어머니의 원대로 며느리의 속살을 태울 만큼만 자외선을 통과시
킨다. 만일 이 오존층이 없으면 강한 자외선으로 지상의 모든 동식
물들은 지금 당장 몰살당하고 말 것이다. 오존층에 여과된 자외선
이라도 많은 양을 쬐면 각종 피부암과 백내장을 일으킬 수가 있다.
그런데 바로 이 오존층이 급격히 파괴되고 있는 것이다.

냉장고의 냉매, 헤어 스프레이 등에 쓰인 염화불화탄소가 오존층
파괴의 주범으로 알려져 있지만 다른 공해 물질들도 혐의를 벗지
못하고 있다. 염소 분자 1개는 연쇄 반응을 일으키면서 오존 분자
10만 개를 파괴한다. 근래에 이 화학 물질을 쓰지 않기로 했지만 오
존층의 파괴는 계속되고 있다. 남극 상공에는 지금 거대한 오존 구
멍이 뚫려 있는 상태다.

여유가 있고 살기가 좋아지면서 모두들 햇볕 쬐기를 좋아하고,
살을 태우려고 해 시어머니 구박이 보람 없어지는 것은 좋은 일이
다. 그러나 이제는 시어머니와 며느리가 실랑이할 부드럽고 따사로

운 햇볕은 점점 줄어들고 오히려 햇볕을 피하려고 양산을 들거나
얼굴에 덕지덕지 자외선 차단제를 발라야 한다니 서글픈 일이다.

'잘 나가는' 제비의 자식 사랑 부부 사랑

꽃 피는 봄은 강남에서 온 제비가 집 안에 찾아드는 때다. 세상 인심은 부귀를 좇지만 제비는 가난한 집을 등지지 않고 해로운 곤충만 먹으며 사람을 가까이하는 길한 새다. 진화론적으로 보면 제비는 천적이 너무 많아 이를 피해서 집 안으로 들어와 사람에게 의지하게 됐다고 한다. 제비의 집은 참새나 할미새 등 다른 새는 물론 쥐, 뱀 등의 표적이 된다. 흥부네 집에서 한 마리만 남기고 새끼들을 죄다 잡아먹은 것도 구렁이였다. 예로부터 우리 조상들은 제비가 집 안 깊숙이 집을 지으면 오히려 좋아했다. 제비가 처마 깊숙이 들어오는 것은 사람에게 경계심을 덜 느낀다는 것이고 그만큼 집안의 인심이 후하다는 증거라고 생각한 것이다.

목숨 걸고 전해준 봄 소식

우리나라에서 여름을 난 제비는 소위 '강남'이라는 중국 남부와 동남 아시아 지역으로 이동한다. 그 중에서도 우리나라에서 살던 제비가 가장 많이 겨울을 나는 곳은 인도차이나 지역이라고 한다. 이들의 하루 이동 거리는 2백~6백km 정도인데, 단숨에 목적지까지 이동해가는 놈들이 있는가 하면, 체력이 부치거나 경험이 미숙한 녀석들은 중간 지점에서 쉬거나 먹이를 먹고 이동한다. 우리나라의 남서 해안이나 동남아의 작은 섬에서 쉬어 가는 제비떼를 많이 볼 수 있다고 한다.

봄이면 찾아오는 제비는 봄 소식을 전하는 친근한 전령이지만, 제비들의 여행은 실로 목숨을 걸어야 하는 일이다. 우리나라에서 여름을 지내던 제비들은 겨울이 다가와 먹을 만한 벌레들이 줄어들면 굶어 죽을 수밖에 없다. 때문에 어차피 굶어 죽을 바에야 죽음을 각오하고 먹이를 찾아 이동하는 것이다. 강남에서 우리나라로 이동해오는 것도 마찬가지다. 수많은 제비들이 떼지어 지내면서 그곳의 생활 여건이 한계에 달하고 우리나라 지방에 봄이 오면 새로운 먹이가 많아지므로 또다시 목숨을 걸고 이동한다. 그러나 오가는 도중 이들에게는 엄청난 시련이 기다리고 있다. 도중에 센 바람을 만나면 앞으로 나아가지 못하고 지쳐 죽거나, 비바람이라도 친다면 떼죽음을 당하기 일쑤다. 인공 위성을 이용해 관측한 결과 우리나라를 떠난 제비들이 따뜻한 강남의 목적지까지 무사히 도달하는 경우는 전체의 절반 정도밖에 되지 않는다고 한다.

강남에서 돌아온 제비

목적지까지는 경험이 많은 이들이 지난번에 갔던 길을 기억하고 무리를 이끄는 것으로 알려졌다. 낮에 이동할 때는 태양을 이용해 방향을 잡는다고 한다. 밤에는 별이나 달이 이정표가 되기도 한다. 예로부터 제비는 한번 찾은 집을 다시 찾는다고 알려져 있으나, 실제로 예전의 지역으로 돌아오더라도 살았던 집 안에 다시 찾아드는 수효는 매우 적다. 경희대 조류연구소의 조사에 따르면, 지난해에 머물렀던 집으로 다시 찾아오는 비율은 어미 새가 5%, 새끼 새가 약 1% 정도라고 한다. 이동 도중 많은 수가 죽고 방향을 못 잡아 목표 지점에서 이탈해 새로운 곳에 둥지를 틀기 때문이다. 그러니 새끼 때 다리를 다쳤다가 흥부의 도움을 입고 성장해 이듬해에 보은의 박씨를 물고 찾아온 제비는 1%의 가능성을 실현한 매우 머리 좋고 정성스런 제비였던 셈이다.

옛 속담에 "제비가 어르면 비가 온다"고 했다. 이는 제비의 습성과 관련된 것으로 매우 과학적인 분석이라고 할 수 있다. 어른다는 것은 지면에 바싹 붙어 날면서 사람 곁을 스치고 다니는 것을 말한다. 제비의 먹이가 되는 날개미 같은 곤충들은 습도가 높고 흐린 날이면 날개가 무거워져 지면 가까이로 내려온다. 또 빗방울이라도 들라치면 풀숲이나 나뭇잎에 숨기 위해 지면으로 내려온다. 이럴 때 제비는 지면 가까이 내려온 곤충을 잡기 위해 낮게 나는 것이다. 그러므로 제비가 어르는 것은 주변에 저기압이 형성돼 있고 습도가 높은 상태라는 것을 나타내주는 지표이며, 곧 비가 올 징조인 것이다. 날렵한 사람을 가리켜 '물 찬 제비'라고 하는데, 제비가 수면 가까이 있는 곤충을 사냥하면서 물을 스치는 재빠른 행동에서 비롯된 말이다.

꼬리 깃털로 비행 조절

제비는 땅 위나 나뭇잎에 붙어 있는 벌레나 곤충보다는 주로 공중으로 다니는 곤충을 잡아먹기 때문에 몸놀림이 재빠르다. 이들의 비행 속도는 최고 시속 250km에 이르고 평균 시속은 50km 정도다. 이들은 날렵한 고속 비행에 적당한 유선형의 몸을 가지고 있다. 말쑥하게 차려입고 몸매가 미끈한 사람을 '제비 같다'고 하는 것도 제비의 유선형 모습을 연상시키기 때문이다. 특히 끝이 두 갈래로 갈라진 꼬리 깃털은 비행기의 뒷날개처럼 정교하고 미세한 비행을 조정하는 데 매우 중요하다. 꼬리를 잘라버린 제비들은 비행 능력이 떨어져 먹이를 구하는 데 드는 시간이 보통 때보다 월등히 많이 걸리는 것으로 관찰됐다.

제비는 짝짓기할 때 암컷이 수컷을 고른다. 암컷 제비가 수컷을 고를 때 가장 중요한 기준은 꼬리의 모양이다. 일단 수컷의 꼬리가 길수록 암컷이 좋아한다. 또한 꼬리의 길이 못지않게 좌우 대칭도 선택의 중요한 기준이다. 꼬리가 길면서도 대칭을 이뤄 날렵하게 보일수록 잘 나가는 제비인 셈이다. 비행 능력에서 가장 중요한 것이 꼬리 깃털이기 때문에 암컷들은 이것을 보고 얼마나 생존력이 있고 자식들을 잘 먹일 수 있는 수컷인지를 판별하는 것이다. 우수한 새끼를 낳으려는 본능적 행동으로도 해석된다.

알은 주로 암컷이 품지만 수컷이 가끔 교대해주기도 하며, 특히 부화한 새끼를 키울 때는 부부가 완전히 협동한다. 새끼를 키울 때는 어마어마한 양의 곤충을 잡아먹여야 하므로 부부가 잘 협동해야 한다. 암수가 교대로 쉬지 않고 새끼에게 먹이를 가져다 주는데, 보통 2~3분에 한 번꼴로 하루 5백여 회 이상 들락거린다. 교원대 박시룡 교수(생물학과)는 "한 번에 물어온 곤충은 평균 18마리로 새끼를 키우는 3주 동안 약 15만 마리의 곤충을 잡아먹인다"고 밝혔다. 16시간 동안 무려 633번의 먹이를 물어다 준 경우도 있다고 한다. 1분 30초에 한 번꼴로 하루 최고 7천 마리의 곤충을 잡아온 셈이다.

부부 금실의 상징

제비는 이렇게 많은 곤충을 쉬지 않고 사냥해 먹여야 하므로 부부가 금실 좋게 협동하지 않으면 자식을 잘 키울 수가 없다. 카바레 등지에서 유부녀들을 꼬시는 남자들을 제비족이라고 부르지만, 그것은 외모가 미끈하고 말쑥해서 붙인 말일 뿐 생활의 관점에서 보면 제비에게는 아주 모욕적인 말이다. 제비는 매우 헌신적으로 일부일처제를 지키는 동물이다. 기러기, 원앙과 함께 부부 금실을 상징하는 동물로 제비를 드는 것도 이 때문이다.

우리나라와 같은 남성 중심적인 사회에서는 흔히 남자가 여자를 고르는 것으로 생각한다. 그래서 한번 고른 여자는 마치 자신의 소유물인 양 소홀하게 대하고 금방 부부 사이에 금실이 깨지는 것을 본다. 꼬리가 미끈한, 소위 잘 나가는 수컷 제비도 부부의 연을 맺고 자식을 키울 때 아내와 협동하고 헌신하는데, 그렇게 잘 나가지도 못하는 남자들이 여자를 소홀히 대하는 것을 보면 자기 주제를 모른다는 생각이 든다. 만일 사람 사이에서도 여자가 주도적으로 남자를 고르고, 생활력과 헌신성을 기준으로 고른다면, 훨씬 금실 좋은 세상이 되지 않을까. 자신이 여자를 선택한 것이 아니라 여자에게 선택됐다고 생각하는 남성이라면 어떻게 헌신적이 되지 않을 것인가.

토끼와 용왕의 병

흔히 부모님들이 아이들을 두고 "토끼 같은 자식새끼"라고 하듯이, 우리에게 토끼의 이미지는 대체로 귀엽고, 연약하고, 선하며, 재빠르고, 영특하다. 옛날에는 토끼를 지칭하는 말로 명시(明視)라고 했는데, 이는 눈이 밝다는 뜻으로 붙여진 이름이다. 초식 동물들은 대체로 자신을 잡아먹는 포식자가 많아 멀리 보면서 경계해야 하기 때문에 눈이 좋은 것은 사실이다. 토끼는 또 주로 밤에 활동하기 때문에 밤눈이 밝다.

용왕의 병은 간경화?

그러나 토끼는 눈이 밝은 것 때문에 용왕에게 수난을 당할 뻔했다. 판소리 「토별가」에서 "퇴끼가 눈이 밝아, 별호를 명시라 하옵기를, 목속간[目屬肝, 눈은 간에 속함]을 하였으니, 간경이 좋은 고로 눈이 그리 밝사오니, 퇴간 곧 먹사오면, 병환이 직차하고, 장생불로

할 것이요"라고 했다. 토끼의 간을 먹으려 한 것을 보면 당시 용왕의 병은 간 계통의 병이었다고 생각된다. 예로부터 몸의 특정 부위에 병이 생겼을 때 이와 유사한 모양이나 기능을 지닌 동식물의 기관을 취해 약으로 삼는 일이 많다. 관절염에는 관절이 부드러워 도약력이 좋은 고양이가 좋고, 정력제로는 물개의 성기가 좋고, 눈이 나쁜 아이들에게 소의 간이 좋다는 민간 요법들이 그것이다. 또한 한의학에서도 뇌의 모양을 닮은 호두가 머리에 좋다는 등 상당히 많은 동종 요법들을 찾아볼 수 있다. 용왕의 병이 심하고 생명이 위험할 정도였으면 아마도 간경화나 간암이 아니었을까.

토끼는 소화 기관이 풀·나뭇잎·나무 껍질·씨앗·뿌리 등 식물성 먹이에 알맞게 특수화돼 있다. 특히 맹장이 토끼에게는 매우 중요한 기관이다. 대장과 소장 사이에 있는 긴 맹장에서는 셀룰로오스의 분해를 돕는 박테리아가 있다. 맹장에서 소화된 영양분은 대개가 직접 혈액 속으로 흡수되지만, 중요한 비타민 B_{12} 등은 곧바로 소화되지 않는다. 때문에 토끼는 미량의 영양소를 얻기 위해 자신이 배설한 똥의 일부를 다시 먹는 특이한 습성을 지니고 있다. 토끼가 가끔 자신의 입을 항문에 대고 핥는 모습을 볼 수 있는데, 그들이 자신의 배설물을 먹으려는 행동이다.

토끼는 아래로 몰아야

호랑이·표범·늑대·곰·여우·너구리를 비롯, 솔개·부엉

이·올빼미까지 포식자가 많은 토끼는 선천적으로 경계심이 강하다. 이들은 긴 귀로 소리를 민감하게 듣고 앞발보다 뒷발이 긴 신체 조건을 이용해 재빨리 포식자로부터 달아난다. 얼마나 재빠른지 몸집이 큰 멧토끼의 경우 시속 80km에 이른다고 한다. 토끼는 뒷발이 길어 신체 구조상 언덕길을 오르는 데는 선수다. 그래서 토끼 몰이를 할 때는 아래에서 위 방향으로 몰지 않고 등성이에서 골짜기 방향으로 내리모는 게 요령이다. 토끼는 아래로는 쉬 달아나지 못하고 미끄러지고 넘어지듯이 산을 내려갈 뿐이다. 그리고 눈이 있다면 더욱 달리지 못한다.

자연 상태에서 토끼는 90% 이상이 태어난 그해에 사망한다. 포식자에게 먹히고, 병으로 죽고, 스트레스를 받은 어미에게 물려 죽는 등 이들은 참으로 모진 생을 산다. 그러나 이들의 높은 사망률은 높은 번식률로 인해 금방 보충된다. 임신 기간은 약 1개월이지만, 이들에게는 배란 간격이라는 것이 의미가 없다. 이들은 출산 간격을 짧게 하기 위해 수컷이 교미 자극을 하면 이에 반응해서 배란이 일어나는 '유도 배란' 이라는 현상을 보인다. 또 암컷은 출산 후 바로 다시 임신할 수 있는 '분만 후 발정' 이라는 현상도 보인다. 숲멧토끼의 일종은 지난번 새끼를 모두 출산하기 전에 다음 임신이 가능한 중복 임신이라는 특이한 현상도 보인다고 한다. 때문에 이들은 1년 내내 쉼 없이 새끼를 배고 낳아 좋은 환경만 주어진다면 순식간에 엄청난 수로 불어난다.

　토끼의 엄청난 번식력은 때로 큰 해를 끼친다. 호주에는 원래 토끼가 없었는데, 1859년 유럽에서 토끼를 들여와 풀어놓게 됐다. 그런데 이들을 잡아먹을 천적이 없어 그 수가 급속도로 늘어났다. $1km^2$에 무려 3천 마리의 토끼가 득실거려 야생의 초목을 초토화시키고 농작물까지 먹어치우며 전체 생태계를 위협하는 존재로 변해버린 것이다. 번식력이 강한 토끼는 집단의 70%가 죽어도 1년 안에 본래 숫자를 회복한다고 한다. 호주에서는 1950년에는 점액종이라는 토끼 전염병을 풀어 이들을 한 차례 학살했지만, 조금 지나자 토끼들 사이에서 이 병에 대한 저항력이 생겨 이 병이 들어도 50%만이 죽을 뿐, 그 숫자가 다시 불어나 통제 불능의 상태가 되고 말았다. 하는 수 없이 지난 97년 농작물에 막대한 피해를 입히는 야생 굴토끼 수를 줄이기 위해 토끼 유행성 출혈열 바이러스를 토끼들이 사는 데 풀어놓았다. 이 바이러스는 맹렬한 기세로 토끼를 감염시켜 단 8주 만에 전체 토끼의 80~90%가 죽었다고 한다. 그러나 이 바이러스로 토끼의 숫자 조절에 성공할 수 있을지는 아직 모른다. 점액종에 면역된 것처럼 저항성을 지니게 될지도 모르기 때문이다.

　이렇듯 맹렬한 토끼의 번식력 때문에 서양에서는 토끼가 사랑스럽고 신성한 존재가 아니라 매우 천하고 음란한 존재로 인식돼왔다. 조용진 교수의 『서양화 읽는 법』(사계절)에 이에 관한 이야기가 있다. 르네상스 시대의 유명한 이탈리아 화가인 티치아노의 「신성한 사랑과 속된 사랑」이라는 작품을 비롯해서 서양의 미술 작품에서는 음란함이 팽배한 세속을 나타내는 상징으로 들토끼가 등장한다. 들토끼의 번식력이 매우 강한 것을 음욕이 많은 것으로 생각했기 때문이다. 특히 성화에서 토끼가 뛰노는 들판은 음욕과 사욕이 팽배한 속된 세상을 의미한다. 성모 마리아는 토끼를 발로 밟거나, 손으로 잡아 누르고 있는 모습으로 묘사돼 있다. 성모 마리아가 음욕을 누르고 성령으로 예수를 잉태한 순결한 영혼이라는 것을 나타내는 것이다. 반면 토끼와 대비되는 동물인 양떼들은, 신에게 바치는 희생물로, 교회·향로와 더불어 신성한 세계를 표현하는 상징으로 인식된다.

위험을 경계하는 감지자

학살과 천시에도 불구하고 토끼는 사람을 위해 참으로 많은 일을 해왔다. 옛날에 노인으로 변신한 제석천(불법을 지키는 신)이 원숭이·여우·토끼가 있는 곳에 와서 먹을 것을 청했다. 원숭이와 여우는 나무 열매랑 물고기를 잡아왔으나, 아무것도 할 수 없었던 토끼는 자기 몸을 불 속에 던져 제석천을 대접했다. 토끼가 자신의 몸을 던져 불법을 지켜낸 것이다. 제석천은 토끼의 덕을 기려 토끼가 달 속에 소생하게 했다. 절에 가면 토끼가 새겨진 석물이나 벽화를 볼 수 있는데, 이 이야기에서 유래한 것이 많다.

또 잠수함 안에 산소 농도를 알아보는 감지자로 토끼가 이용됐다

성모 마리아의 분노

는 것은 널리 알려진 사실이다. 토끼는 산소의 부족을 민감하게 감지해 행동이 불안해지는데, 이로부터 배 안의 산소가 언제 고갈될 것인지를 알았다고 한다. 보통 토끼가 불안한 반응을 보이기 시작해서 6시간이 한계 시간으로 생각됐다. 토끼는 인간에게 정상에서 벗어난 위험 상태를 알리며 인간을 살려냈던 것이다.

고대 중국 송나라에 어떤 농부가 밭을 갈고 있었다. 갑자기 토끼 한 마리가 뛰어나오다가 밭 가운데에 있는 그루터기에 부딪혀 목이 부러져 죽고 말았다. 덕분에 공짜로 토끼를 얻은 농부는 농사를 집어치우고 매일 밭둑에 앉아 지난번 그 그루터기에 토끼가 부딪혀 죽기를 기다렸다. 그러나 토끼는 다시 나타나지 않았고 농부는 온 나라 사람들의 웃음거리가 됐다. 변통할 줄 모르고 늘 해오던 대로만 하려는 게으른 복고주의를 경계한 '한비자'의 가르침이다.

연금술의 지혜

옛날 백제의 무왕은 엄청난 양의 금덩이를 가지고 나라를 얻은 사람이다. 그가 왕이 되기 전 미천한 신분으로 있을 때, 늘 마를 캐서 생계를 유지했으므로 그를 서동(薯童)이라고 불렀다. 그는 신라 진평왕의 셋째딸인 선화공주가 자신과 정을 통했다는 낯뜨거운 소문을 퍼뜨려 진평왕이 딸을 내치도록 유도해서 쫓겨난 그녀를 아내로 맞았다. 서동은 어릴 때부터 마를 캐던 곳에 쌓아두었던 산더미만한 양의 황금을 진평왕에게 보냈다. 그러자 진평왕은 서동을 존중하고 높이 대우했다. 이 소문이 백제에 퍼지면서 서동은 인심을 얻게 되고 드디어 왕위에 올랐다.

금의 효능이 이렇다. 부정한 딸을 용서하게 하고, 비천한 신분의 사람을 왕이 되게 할 수 있는 것이다. 그래서 일확천금, 즉 한줌에 천금을 쥘 수 있다면 사람들은 어떤 희생도 감수하려 한다. 심지어 자신의 목숨까지도.

고대부터 연금술에 매달렸던 연금술사들이 그랬다. 그리고 금을 만들었다고 전해지는 연금술사의 성공담은 더욱 많은 사람들을 연금술에 빠져들게 했다. 그 중에서도 1382년 프랑스의 니콜라스 플라멜이 아내와 함께 수은을 금으로 변성시키는 데 성공한 이야기는 유명하다. 플라멜은 연금술로 엄청난 부를 쌓았는데, 많은 재산을 교회에 기부하고 연금술을 지원하는 데 썼다고 한다. 플라멜의 성공담은 과장된 것이 분명하지만, 어쨌든 그는 수많은 연금술사들의 희망이 됐다. 한편 동양에서 금은 부의 상징이었을 뿐 아니라 영생의 상징이기도 했다. 중국 한나라 때의 연금술사인 위백양은 신선이 되는 금물을 제조해 먹고, 영원히 죽지 않는 신선이 됐다고 한다.

원자 번호 79번, 원자량 196.97인 원소가 금이다. 수은은 원자 번호 80번, 원자량 200.59다. 현대 과학에 따르면 원소는 보통의 조작으로는 다른 원소로 합성되거나 분해되지 않는다. 수은을 금으로 만들었다는 플라멜의 성공담이 믿어지지 않는 이유다. 마찬가지로 연금술에 즐겨 쓰인 은·구리·주석·철·납 등의 금속들도 전통적인 연금술로는 금이 될 수 없다.

때문에 역사상 연금술로 만들어진 금은 대부분 합금이고 가짜 금이었다. 연금술의 과정을 보면 조작의 시작 단계에서는 대부분 일정량의 금을 씨앗으로 이용한다. 연금술사들이 목숨을 걸고 얻고자 했던 '현자의 돌'도 바로 이러한 금 씨앗이었다. 연금술사들은 처음에 일정량의 금을 매개로 해서 다른 금속을 금으로 바꾸고, 원래의 금을 분리시켜 빼낸다. 이 과정에서 당연히 금의 합금이 만들어지고, 금을 분리할 때도 처음의 금을 순수하게 분리하지 못하기 때문에 금의 양이 늘어나 연금술이 성공한 것처럼 보인 것이다.

또한 연금술사들이 찾은 것은 빛깔로 보아 금과 비슷한 물질이었지, 금과 똑같은 성질을 지닌 물질은 아니었다. 예를 들어 구리에 2%의 비소를 첨가하면 아름다운 금빛을 띤다. 그런데 많은 연금술사들이 이것을 금으로 알고 연금술을 완성했다고 믿기도 했다. 또한 엘릭시르(불사약)에 탐닉한 동양의 연금술사들은 현재의 금 페인트에 해당하는 황화주석을 불로명약이라고 오해해서 마시고 죽었다.

그들에게도 과학이

현대 과학으로 보면 '천한' 금속을 금으로 바꾸려 했던 연금술사들의 노력은 참으로 허망하고 비과학적인 일이었다. 그러나 그들은 천한 금속이 금으로 바뀔 수 있다고 믿었다. 왜냐하면 그들의 과학이 그렇게 가르쳤기 때문이다. 고대의 철학자인 아리스토텔레스가 정립한 물질관은 근대 화학이 성립되는 18세기말까지 보편적인 물질관으로 인정돼왔다. 고대인들은 모든 물질이 흙·물·공기·불의 4원소로 이루어져 있다고 생각했다. 그리고 물질이 서로 다른 성질을 나타내는 것은 물질을 구성하는 이 4가지 원소의 구성 비율이 다르기 때문이라고 이해했다. 그러므로 금을 구성하는 4가지 원소의 비율만 안다면 금을 만들 수 있는 것이다. 금속이 금으로 바뀌는 것은 물이 끓어 수증기로 변하는 것과 다를 바 없었다. 다만 어려운 것은 금의 원소 비율이 확실치 않고, 구성비를 바꾸는 방법을 잘 모른다는 점이었다.

이런 고대의 물질관에 기초해서 중세에는 금속의 변성에 적용되는 새로운 물질관이 정립됐다. 연금술사들은 금속의 변성에 관계하는 가장 중요한 요소로 황·수은·염의 3요소설을 정식화했다. 옛날부터 금을 금광석에서 뽑아낼 때는 수은을 금과 반응시켜 합금을 만들어 뽑아냈다. 그래서 수은은 늘 금과 붙어다녔고, 또한 황은 항상 불을 다루는 연금술사들의 필수품이었다. 그러나 황과 수은만으로는 금속성이 나지 않기 때문에 여기에 금속성을 만드는 염이라는 물질이 추가됐다. 그리고 여하한 방법을 동원해서라도 이들 3요소의 비율을 조작해 금을 만드는 것이 연금술사들의 목표였다.

과학 혁명의 완성자인 뉴턴도 연금술에 몰두했다. 사실 뉴턴은 천체역학에 집중한 청년 시절을 제외하고는 평생 물리 이론보다 연금술 쪽에 더 많은 시간을 투자했다. 뉴턴이 연금술에 관해 남긴 자신의 원고만 해도 65만 단어에 이른다고 한다. 현대 과학의 눈으로 보기에는 허황하지만 연금술사들은 그들 나름의 지혜와 과학을 믿었던 것이다.

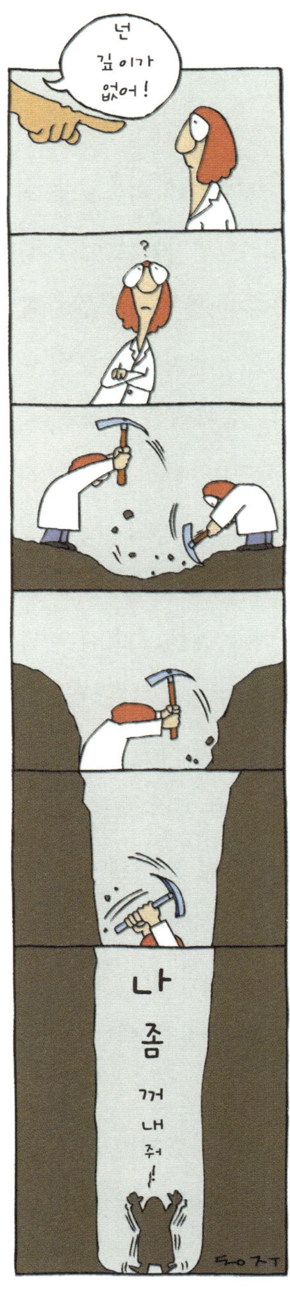
넌
깊이가
없어!
나
좀
꺼
내
줘!
깊이에 관하여

연금술사들의 오랜 염원은 현대 과학으로 해결됐다. 바로 핵물리학의 발달 덕분이다. 원소는 원자들로 이루어져 있고, 원자는 다시 양성자와 중성자로 이루어진 원자핵과 원자핵 주위를 도는 전자로 이루어져 있다. 원자 번호는 원자핵이 포함하는 양성자 수를 의미하는데, 그러므로 원소는 원자핵을 구성하는 양성자 수와 중성자 수에 따라 그 성질이 결정된다. 만일 어떤 조작을 가해 원자핵의 구성을 바꿀 수 있다면 다른 원소가 되는 것이다.

하지만 원자핵 내부에는 핵력이 작용하고 있어서 웬만해서는 원자핵을 깨뜨릴 수 없다. 가장 깨뜨리기 쉬운 원자핵이라도 약 10^7eV 이상의 에너지가 필요하다. 연금술사들이 화덕에 피운 불 정도로는 그야말로 꿈쩍도 않는 강한 힘이다.

그래서 나온 것이 입자 가속기다. 강한 전기력을 이용해 입자를 가속시켜 원자핵에 충돌시키면 핵변환이 일어난다. 헬륨 원자핵을 가속시켜 탄소 원자핵에 충돌시키면 질소 원자가 만들어진다. 금에는 지금까지 14개의 방사성 동위 원소가 알려져 있는데, 이들 대부분이 입자 가속기에서 다른 물질을 핵변환시키면서 부수적으로 얻어진 것들이다.

현대 과학으로 연금술이 완성됐지만 과학자들은 금을 생산해 플라멜 같은 부자가 되려는 마음이 전혀 없다. 왜 그럴까. 바로 경제성 때문이다. 입자 가속기 하나를 짓는 데 수백억 원이 들어가고,

이를 가동시키는 데도 엄청난 비용이 들어간다. 더구나 그 많은 비용에도 불구하고 생산된 금은 극소량일 뿐이다. 금을 만드는 데 금값보다 더 많은 돈이 들어가는데 누가 입자 가속기를 돌려 금을 생산하겠는가.

지혜에 대한 사랑

연금술에서 만들어진 금이 가짜였다 할지라도 연금술사들의 엄격한 성실성과 순결성은 존경받아 마땅하다. 플라멜은 금을 만들기 위해 아내와 함께 자식도 없이 21년 동안이나 유럽 곳곳을 헤매며 각고의 노력을 쏟았다. 대부분의 연금술 서적은 신비하고, 모호한 표현들로 가득 차 있다. 그러나 거기에는 언제나 윤리·믿음·순결, 지혜에 대한 사랑, 부단한 노력 들이 강조되고 있다. 특히 중국의 연금술사들은 연금술을 행할 때는 여자 관계도 하지 않을 정도로 극도의 정신적·육체적인 순결을 강조했다.

앨리슨 쿠더트의 『연금술 이야기』(민음사)에 다음과 같은 일화가 있다. 위백양은 수십 년의 노력 끝에 금물(불로장생약)을 완성하고 그것을 자신의 개에게 시험 삼아 먹였다. 그러자 개는 곧바로 죽어버렸다. 위백양은 실망해서 신선이 되지 못할 바에는 차라리 자신이 그것을 먹고 죽는 편이 낫다고 여기고 자신도 금물을 삼키고 쓰러져 죽었다. 그러자 그의 제자도 스승의 행동을 따라 금물을 먹고 역시 죽어버렸다. 이를 지켜본 다른 제자들이 두려워 떠난 후 위백

양은 다시 깨어났고, 제자와 개를 깨워, 셋은 모두 불사신이 됐다고
한다. 중국의 연금술 서적에는 흔히 위백양의 이야기가 삽화로 그
려지는데, 거기에는 빠지지 않고 그의 개가 등장한다. 연금술이 믿
음과 충직 없이는 아무도 얻을 수 없는 지혜라는 것을 보여주려는
것이다.

시금석이라는 말이 있다. 흔히 가치를 분별해주는 기회나 사물의
뜻으로 쓰이는데, 예로부터 가짜 금을 판별할 때 사용하는 돌을 이
르던 말이다. 시금석에 금을 그어놓고 질산과 염산의 혼합액인 셀렌
산(왕수라고도 함)을 떨어뜨려 금이 녹거나 색이 변하는 모양을 보
면서 금의 순도를 판별한다. 연금술사들이 지녔던 지혜에 대한 진지
함을 진리를 탐구하는 모든 이들이 시금석으로 삼는다면 좋겠다.

인간과 더불어 산 얼음의 비밀

인체 해부를 엄금했던 조선 시대, 허준의 스승 유의태는 자신의 죽음을 예견하고, 제자에게 인체 해부의 기회를 주고자 제자를 밀양의 얼음골로 불러들였다. 저만치 왕골 자리에 반듯이 누워 있는 스승과 그 곁에 한 장의 유서가 촛불 아래서 빛나고 있었다. "사람의 병을 다루는 자가 신체의 내부를 모르고서 생명을 지킬 수 없기에 병든 몸이나마 네게 주노니 네 정진의 계기로 삼으라." 자진한 스승의 시신 앞에서 가난한 대중과 제자에 대한 스승의 한없는 사랑에 망연했던 허준은, 스승의 가르침을 실천하는 의사가 될 것을 맹세했다. 스승의 살을 가를 날카로운 칼날을 집어들고 가늘게 떨리는 허준의 손끝에서는 형언할 수 없는 경건함이 배어나왔다. 이은성씨의 『소설 동의보감』이 전해준 그날 얼음골의 풍경이다.

풀리지 않는 신비

경남 밀양의 얼음골은 한여름에도 얼음이 얼 정도로 차가워 해부를 위해 시신을 보존할 수 있는 안성맞춤의 장소였다. 지금껏 학자들은 현대 과학으로 얼음골의 신비를 풀어보려고 시도했지만 아직 어느 것도 완전하지 않다. 1996년 KAIST의 송태호 교수는 한여름에도 얼음이 어는 이유가 자연 대류 때문이라며 비밀의 열쇠는 얼음골 골짜기에 쌓여 있는 화산암이 쥐고 있다고 했다. 화산암은 용암이 분출돼 급격하게 식으면서 만들어졌기 때문에 구조가 치밀하지 못하고 미세한 구멍이 송송 뚫려 있는 다공성의 돌이다. 계곡에는 이러한 돌들이 얼키설키 쌓여 있어 길다란 돌무더기(너덜)에는 공기가 큰 저항 없이 통과할 수 있다. 겨우내 차가워졌던 너덜 내부의 공기는 계절이 바뀌어 외부의 온도가 올라가면 상대적으로 밀도가 높아진다. 밀도 차이로 인해 너덜 내부의 차가운 공기가 너덜 밖으로 흘러나오면서 찬바람을 내고 얼음을 얼린다는 것이다.

그런데 1998년 부산대 문승의 교수(현 기상청장)는 비밀은 화산암이 아니라 지하수가 지니고 있다는 기화열설을 제시했다. 일사량이 극히 적고 단열 효과가 뛰어난 얼음골의 지형 특성상 겨울철에 형성된 찬 공기가 여름까지 계곡 주위에 머무는 상태에서 암반 밑의 지하수가 지표 안팎의 급격한 온도차에 의해 증발되면서 주변의 열을 빼앗아 얼음이 언다는 것이다.

조각

인공의 얼음골 석빙고

얼음골 얼음의 비밀이야 어찌 됐건 유의태는 자연의 혜택으로 자신의 주검을 보존해 제자에게 해부의 기회를 줄 수 있었다. 그러나 우리 조상들은 그 자연을 배워 한여름에도 불편 없이 얼음을 먹고 살았다. 석빙고는 지난 겨울의 얼음을 녹지 않게 보관했다가 한여름에 쓸 수 있게 한 인공의 얼음골이었다. 얼음을 저장할 공간은 땅속에 설치해 서늘하게 하고, 지붕은 흙으로 덮고 교묘하게 환기 구멍을 설치해 가을까지도 걱정 없이 얼음을 보관했다. 『삼국사기』에는 신라 지증왕 6년(505년)에 빙고전이라는 관청을 두어 얼음을 저장해 쓰게 했다는 기록이 있어 우리 민족이 일찍부터 얼음 과학에 일가견이 있었음을 입증한다. 조선 시대에는 나라에서 설치한 얼음 창고 외에도 생선 보관용으로 민간에서 설치한 사설 얼음 창고도 여럿 있었다.

얼음을 저장할 때는 얼음끼리 서로 붙지 않도록 쌀겨 솔잎 등을 1~2cm 정도 쌓고 얼음을 층층이 쌓았다. 얼음은 섣달 겨울에 가로 70~80cm, 세로 1m, 높이 60cm 정도의 크기로 잘라 채빙했다. 그런데 채빙의 노동은 매우 고된 것이어서 겨울만 되면 한강변의 민가들이 채빙 노역을 피해 도망하는 경우가 많았다고 한다. 채빙 노역을 피해 도망한 남편을 기다리는 어린 부인을 뜻하는 빙고청상(氷庫靑孀)이라는 말이 그래서 나왔다. 먹기에는 시원하지만 그 속에는 백성들의 땀과 고통이 배어 있었던 것이다.

그런데 얼음은 왜 차가운 곳에 있고 차가움을 지켜주는가. 비밀은 물의 분자 구조에 있다. 고체·액체·기체 상태에서 각각 다른 상태로 변하는 상전이(相轉移)가 일어나려면 반드시 숨은 열의 출입이 있어야 한다. 얼음 1g이 물 1g으로 변할 때는 약 80cal의 숨은 열이 필요하다. 0°C의 물 1g을 1백°C로 만드는 데 필요한 열량이 100cal인 것을 감안하면, 얼음이 물이 되는 데 필요한 열량이 매우 크다는 것을 알 수 있다. 얼음이 녹으면서 시원해지는 것은 바로 얼음이 상전이에 필요한 숨은 열을 주변 공기로부터 빼앗아가기 때문이다.

물이 상전이를 일으킬 때 숨은 열이 필요한 이유는 원자와 분자 세계에서 일어나는 화학 결합 때문이다. 물(H_2O)에서 산소 원자는 그보다 작은 2개의 수소 원자와 결합돼 있다. 물 분자는 V자 모양으로 수소 2개가 양끝에 위치하고, V자의 꼭지점에 산소가 위치해 있다. 그런데 물 분자에서는 산소가 수소의 전자를 끌어당기는 힘이 강해 부분적으로 수소 원자 쪽은 양전기를 띠고 산소 원자 쪽은 음전기를 띤다. 이웃의 다른 물 분자에서도 이와 같아서 물 분자 각각의 수소와 산소가 서로 끌어당기게 된다. 바로 이러한 분자간의 결합이 수소 결합이다.

수소 결합이 물 분자들을 서로 끌어당겨 모여 있을 수 있게 해주기 때문에 물은 쉽게 증발해버리지 않고 액체로 남아 있을 수 있다.

만일 수소 결합이 없다면 물 분자 하나하나는 뿔뿔이 흩어져 기체로 날아가고 지구상에는 물이 한 방울도 없을 것이다.

고체가 액체에 뜨는 유일한 물질

얼음이 물에 뜨는 것도 수소 결합 때문이다. 온도가 낮아져 얼음으로 변할 때 수소 결합은 분자들을 잡아매 단단한 고체를 형성한다. V자형의 꼭지점에 있는 산소 원자는 원래 2개의 수소 결합을 만들 수 있다. 때문에 다른 물 분자들의 수소를 끌어당겨 산소 원자 1개에 4개의 수소가 달라붙는 형국이 된다. 이를 중앙의 산소 원자에서 보면 주변의 수소들이 마치 정사면체의 꼭지점에 하나씩 있어 그 모양이 방조제를 쌓을 때 쓰이는 발이 넷 달린 콘크리트 구조물을 연상시킨다. 물 분자들이 이런 식으로 얽혀서 물은 액체로 있을 때보다 얼음이 될 때 공간을 더 많이 차지하게 돼 부피가 커지고 밀도가 낮아진다.

액체보다 고체의 밀도가 낮은 것은 모든 물질 중에서 물이 거의 유일하다. 만일 얼음의 밀도가 물보다 컸다면 얼음은 호수 바닥으로 가라앉고 연이어 수면에서 얼음이 얼자마자 바닥으로 가라앉아 호수는 순식간에 전체가 꽁꽁 얼어버릴 것이다. 그러나 다행히 얼음은 물에 뜨기 때문에 얼음이 물을 덮어 찬 공기를 물과 차단시켜 얼음 아래의 물이 더 이상 얼지 않는다. 이 때문에 겨울에도 호수의 물고기들이 죽지 않고 생활할 수 있으며 북극과 남극의 얼음 아래

바다에서 생물들이 살 수 있는 것이다.

우리는 얼음을 늘 쓰면서도 얼음에 깃들인 사연과 과학을 잘 모르고 산다. 얼음으로 인해 세상을 구제하는 명의가 되고, 한 조각의 얼음에 더위를 잊었던 사람이 있는가 하면, 그 한 조각을 위해 남편을 잃은 청상과부가 있었다. 그리고 그 모든 역사에 늘 개입해 있었던 것은 물 분자가 지닌 자연의 비밀이었다.